ヨーロッパ
環境対策最前線

片野　優

白水社

ヨーロッパ環境対策最前線

装丁——岡本デザイン室

ヨーロッパ環境対策最前線●目次

第1章　エネルギー

1 世界で最初の地熱発電

イタリア　ラルデレッロ

村の名前の由来

三世紀に描かれたという世界最古の地図（ウィーンの博物館所蔵）には、古代ローマ時代の温泉跡のほか、トスカーナ地方の秘境、ラルデレッロの山地から白い蒸気が立ちのぼる様子が描かれている。地面から湯気が立ちのぼる風景は、当時の人々の目には異様なものに映ったらしく、そのため「悪魔の土地」と呼ばれ、長らく恐れられてきた。

また、一七世紀前半、トスカーナのレオポルド男爵が多くの専門家を派遣して、この辺りの地下資源を探索させたことが歴史に残っている。その専門家のひとり、トッツェッティは、著書『トスカーナ周遊記』の中で、温泉、硫酸塩・ミョウバン採掘産業の衰退が、ルネサンス後のトスカーナ地方に大きな影響を及ぼしたと記している。

だが一七七七年、新たにホウ酸が発見されたことが、やがて二〇世紀初頭、世界初の地熱発電へと実を結ぶことになる。

一八一八年、ナポレオンに従軍した若いフランスの商人、フランチェスコ・デ・ラルデレルは、ホウ酸の経済的価値に目をつけ、ここに化学工場を建設した。当時、ホウ酸は薬品、化粧品に使われたほか、陶器の釉薬や接着にも利用された。

間もなく年間五〇トンのホウ酸が生産されるようになったが、ラルデレルは改良を重ね、一〇年後には一二五トンまで増産できるようになった。その技術革新に一役かったのが、地面から吹き出す蒸気だった。彼は高温の地熱を利用して、ホウ酸を多量に含んだ水を乾かすことを思いついたのだ。

その後、多くの化学者や地学者が招かれ、たくさんの労働者が移り住むようになると、教会、学校、病院、酒場ができ、法律も定められて村が作られた。現在のラルデレッロという村の名は、彼の名前に由来するものだ。後に彼はこの土地に貢献した功績で、伯爵の称号を与えられる。

世界一の地熱発電博物館

ピサから車で二時間、曲りくねった山道をひたすら走ると、突如としてなだらかな山の斜面を縦横に走る銀色のパイプラインと、巨大なコンクリートのコップを伏せたような地熱発電所の冷却層が眼下に現われた。

二一世紀の今も、ラルデレッロは人口わずか五〇〇人ほどの地熱発電所のための小さな村だった。一〇〇〇平方メートルほどの村の中心には、当時を偲ばせる教会やラルデレル伯爵の邸宅が残るほか、一九五〇年代に建てられた大きな地熱発電博物館が建つ。白いドームの屋内博物館のほか、戸外もオープンエアーの博物館になっている。山奥にもかかわらず、学者や学生など、年間六万人の人々が訪れるというから、地熱発電への深い興味がうかがい知れる。

博物館に足を踏み入れると、館長と科学部担当の所長、それにこの日わざわざローマとフィレンツェから駆けつけてくれたエネル社（元イタリア電力公社）の二人の職員がにこやかに迎え入れてくれた。ちなみにブルガッシ科学部所長は白髪の老紳士で、五代前の先祖は世界最初の地熱発電の実験にたずさわった技師だということだ。温和な所長の体には、地熱発電にかける熱い血潮が脈うっているように感じられた。

館内には地熱エネルギーを地学的に説明したパネル、地質調査の方法、古い発電機、一九世紀当時の発電所の模型、村の文献、当時の貴重な写真などがずらりと並んでいる。また、展示される大小様々のドリルから、時代をこえて掘削機や掘削方法に改良が加えられてきたことがわかる。

一八二八年以前は、二人用の簡単な掘削機を使ってホウ素を含んだ水を大量に抽出するのが目的だったが、それ以降は蒸気を得るための掘削がはじまった。

一八五〇年には、木製の櫓《ろ》を組んでワインのコルク栓抜きの要領で地面を掘る方法が考案され、これにより三八〇メートルもの地下を掘削できるようになった。噴出する蒸気の上をレンガの丸いドームで覆い、さらに蒸気を圧縮してパイプラインで運ぶ工夫も施された。

一九二二年からは地学者による本格的な地質調査が開始され、そのデータをもとに掘削が行われた。間もなく石柱を丸くくりぬくシャンペン方式と呼ばれる技術が開発され、地下一〇〇〇～一二〇〇メートルまで採掘されるようになった。その後も技術は進化し、現在では四〇〇度をこえる高

山の中に建設された世界最初の地熱発電所

5代前の先祖がここの技師だったというブルガッシ科学部所長

温高圧の地下五〇〇〇メートルまでも掘削可能だという。

広い館内に展示される写真の中で、ひときわ目を引くものがあった。それは一九〇四年、ラルデレル伯爵の娘婿コンティ氏が、蒸気を使って起した電気で五つのライトを灯したものだ。まさに地熱発電が産声を上げた瞬間を永遠に歴史にとどめたものなのだ。その後一九一三年には、木製の冷却塔をもつ地熱発電第一号機で二五〇キロワットの電気が作られ、商業発電の道が開かれたのであった。

地熱発電の特徴と種類

この日、特別公開してもらったのが、ちょっと郊外にある第一二〇番の坑井だ。エネル社の職員が素早くヘッドフォーンを耳に当てるや、リモートコントロールで栓を開いた。すると突然、鼓膜を突き破るような轟音と振動が地面を揺るがし、地上数十メートルも熱い蒸気の飛沫が空に舞い上がった。

「どうですか。びっくりしましたか」。何も説明されていなかった私は、耳をふさぐのも忘れて夢中でシャッターを切った。この地中から吹き出す蒸気こそが地熱発電のエネルギー源なのだ。すなわち地中のマグマの熱により、地表から三キロメートル辺りまでの層にたまった雨水などが沸騰し、蒸気となって地上に吹き出す力でタービンを回して電力を得る仕組みだ。

イタリアや日本のような火山国ならば地熱エネルギーは無尽蔵にあるので、再生可能なエネルギーとして期待されている。

だが、コスト的には、地熱発電は火力や原子力と比べると割高だ。というのは、地下の貯留層の調査や坑井の掘削に多額の費用と時間がかかるだけでなく、時に熱水中の溶存成分が坑井を詰まらせることもあるからだ。それでも風力や太陽光の新エネルギーよりはコストが低く、天候に左右されることなく、二四時間安定した電力を供給できるメリットがある。

また、石炭・石油などの化石燃料を使わないため、クリーンエネルギーと呼ばれるが、実際は地熱の蒸気中に、微量ながらCO_2やH_2Sが含まれている。

おおむね地熱発電には、左記のようないくつかの種類がある。

①蒸気卓越型地熱発電

地表から吹き出る蒸気をそのまま使って発電。二〇〇度をこえる高温の蒸気は、タービンを回すのに最適だ。しかし、このタイプの地熱発電所は世界に四ヶ所しかなく、ラルデレッロや岩手県の松川発電所がこれに当たる。

②熱水分離型地熱発電

噴出する熱水まじりの蒸気のうち、蒸気のみを使って発電する。ラルデレッロ近郊のラテラ村では、この種の地熱発電所（発電容量四五メガワット）が着工されている。また、日本にはこのタイプが多い。

③バイナリー発電

中高温熱水（一五〇〜二〇〇度）は、蒸気を吹き上げる力が弱いため、これまで地熱発電には利用されてこなかった。だが、沸点の低いブタンやペンタンなどを使って作った高圧の媒体蒸気でタービンを回す試みがなされている。

④高温岩体発電

高温でも、熱水層のない地層が圧倒的に多いため、地中に人工的に貯留層を造り、ここに水を循環させて蒸気を得る。次世代の新技術として、欧米、オーストラリア、日本で現在開発が進められている。

世界に広がる地熱発電

第二次世界大戦でイタリアが敗戦した後、ここに駐留していたニュージーランド軍が地熱発電の技術を祖国にもち返ったことで、地熱発電は世界的に知られるようになった。

現在、地熱発電を行っている国は世界に二一ヶ国あり、総発電容量は約八三〇万キロワットである。イタリアは三四ヶ所の地熱発電所を有し、総発電容量は約九二万キロワットで、アメリカ、フィリピンに次ぐ世界第三位の地熱発電国だ。

第二位のフィリピンでは、国内総発電の一五パーセントを地熱発電でまかなっている。さらに世界八位のアイスランドでは、自国の電力すべてを水力と地熱のクリーンエネルギーに依存しており、さらに、余った電気から作った水素を燃料として街中のバスを走らせている。ちなみに日本は世界第六位で、国内一九ヶ所の地熱発電所が約五五万キロワットの電力を生産している。

現在、イタリアのエネルギー自給率は二割程度と低く、主にフランス、スイスなど隣国からの輸入に頼っている。特に一九八六年のチェルノブイリ原発事故を機に、その後の国民投票の決定で原子力発電を中止したことが、電力不足に拍車をかけた。

一九七三年のイタリア国内エネルギーに占める石油の割合は七五パーセントと高率だったが、二〇〇三年には四七パーセントまで落ち、代わって天然ガスが一〇パーセントから三三パーセントまで増加した。このような状況にあるイタリアでは、近年、新エネルギー、とりわけ地熱発電に力を入れているが、地熱発電量の国内総発電量に占める比率はまだ二パーセントほどだ。

それでも、ラルデレッロの小さな村の地熱発電所から年間二七億キロワット時の電力を供給している。これはトスカーナ州全体の約二五パーセント、約一〇〇万世帯分の電力に相当する。また、地熱発電所では、近隣の三〇〇〇家屋のほか、ビニールハウス、パルプ工場、化学工場などに熱エネルギーも送っている。

一方、地熱発電には森林破壊、地下の熱水の汲み上げによる周辺の温泉の枯渇、地震・崖崩れの恐れ、発電所の建造物が美観を損なうなどという問題点が指摘されている。

しかし、エネル社では吹き出した蒸気の再利用はもちろん、水銀・硫化物や悪臭を取り除く装置などを開発し、これらの問題点の改善に努力している。今後、地熱発電は再生可能なクリーンなエネルギーとして、イタリアで、そして世界でますます研究が進められてゆくことだろう。

問合せ先

♣Museo della Geotermia Larderello（地熱発電博物館）

P. zza Leopolda-56044 Larderello

Tel：+39-800-900137-0577　790800　　Fax：+39-0588-042555

♣Enel（フィレンツェ）

50136 Firenze, lungarno Cristoforo Colombo 54, Italy

Tel：+39-055-6553702　　Fax：+39-055-6552066

www.enel.it

♣Enel（ローマ）

00198 Roma, viale Regina Margherita 137, Italy

Tel：+39-06-83057652　　Fax：+3906-83053771

2 風車が送るヒューマニズムの風

デンマーク　ユトランド半島

小さな環境大国

「人魚姫」、「醜いあひるの子」、アンデルセンが不滅の童話を生んだメルヘンの国。青空と緑が交わる地平線まで、牛や羊の群れが点在する酪農国家。税金は高いが、教育費も医療費も無料で、国民が一生涯保障される福祉国家。日本人がデンマークに抱くイメージは、こんなポジティブなものにあふれている。

最近ではこれに加えて、「小さな環境大国」というイメージが定着しつつあるが、その陰には「風のがっこう」の設立者、ケンジ・ステファン・スズキ氏の業績が光る。

氏は日本にデンマークの進んだエネルギー政策や技術を紹介し、同時に講演を通して環境教育の啓蒙活動に取り組んでいる。そのため、いつからか〝自然エネルギーの伝道師〟と呼ばれるようになった。

「風のがっこう」訪問

コペンハーゲン中央駅から約三時間半ＩＣ列車（インターシティ）に乗って、ビリビア駅で下車。「風のがっこう」は、ユトランド半島の西北部に位置するウアンホイという町にある。列車が小さな駅にすべり込むと、時計は夜の一〇時半を指していたが、辺りはまだ薄明るい。

「ちょうど昨日が夏至で、いまが一番昼間が長いんです」。多忙にもかかわらず、スズキ氏は駅まで出迎えてくれた。駅から「風のがっこう」まで、一一キロメートルの田舎道を車で走る。途中、道を横切る野ウサギや子キツネがヘッドライトに照らし出された。隣のパン屋まで七キロメートルもあるようなデンマークの片田舎まで、いったい人が訪ねてくるのだろうか。一瞬、そんな考えが頭をよぎる。

「さあ、コーヒーでもいれましょう。その間、これでも読んでいてください」。テーブルには、研修生が感想を記したノートが何冊もあった。

「〝豊かさとは何か〟を考えさせてくれたのが風のがっこうです」

「ここに来て知る。生きる意味、限りなく広がる野に風車はめぐる」

「デンマークの人々の共生の理念が、この素晴らしい街並みを支えている」

分厚いノートのどのページにも新しい発見と自身の向上への喜びや、感謝の言葉が綴られていた。それは小さな子供がはじめて宇宙の広さに思いを馳せたときのような感動、驚き、喜びに近いものだった。

スズキ氏自らは「風のがっこう」を宣伝してこなかったが、この七年間で約一五〇〇人が研修に訪れた。この中には官公庁関係者、企業の環境部門の担当者、環境保護のNGO、大学の研究者などがおり、最近では特に学生が多いという。その吸引力は、氏の数字に裏打ちされた豊富な知識と環境にかける情熱にあった。

朝五時に起き、研修は七時の朝食でスタートする。午前中は、ウィンドファーム、バイオガスプラント、風力発電機メーカーなどを視察し、夕食後、講義が始まる。デンマークのエネルギーの現状やその政策・歴史、再生エネルギー・自然エネルギーなどの説明が終わると、進んだ環境政策のバックボーンとなる人間中心の教育論にまで話は及ぶ。

すでに自己紹介をすませた参加者は、ディスカッションを通して自分の考えを深めてゆく。時に

ケンジ・ステファン・スズキ氏「風のがっこう」にて

「風のがっこう」校舎。スズキ氏が２時間かけて，ときどき庭の芝刈りをする

研修生の部屋には、こんなロマンチックな部屋もある。夜になると窓からきれいな星座が眺められる

朝７時から朝食がはじまる。フレッシュなサラダと本場酪農国の美味しいハムやチーズが食卓を飾る

この討論は白熱し、予定の九時半を大きく過ぎ、一一時をまわることもあるという。

研修は通常三泊四日で、移動のための交通費・朝夕食・宿泊費を含めて参加費用は六〜七万円。この研修費が高いか安いかは、研修後、参加者本人がそれぞれ決めることになる。六・五ヘクタールの広大な敷地には、宿泊施設、会議室、居間、食堂等を含む四五〇平方メートルの施設があり、二〇人まで研修が可能だ。

高い食糧・エネルギー自給率

デンマークは九州より少し広い四万三〇〇〇平方キロメートルの国土面積を有し、人口は北海道より三五万人少ない五三五万の国である。山はなく、海抜一七三メートルのヒンメルビアーという場所が最も高い。酪農で知られるこの国は、ほとんど資源がなく、二〇センチも掘ると氷堆積と呼ばれる砂利の層に突き当たる。長いあいだ氷で閉ざされた土地は、氷河期の負の遺産ともいえる。

そんなハンディを抱えながらも、現在、約三〇〇パーセントの食糧自給率を維持しているのはまさに奇跡である。これは単純に、国民一人が三人分の食糧を有するという意味だ。一方、飽食日本の食糧自給率は、約四〇パーセントでしかない。

その食糧自給に大きく貢献した歴史的な人物がダルガスである。一八六四年プロシアとの戦争で南ユトランド半島の肥沃な国土を失ったとき、「外で失ったものは内で取り戻す」と国民に訴えて回り、中部ユトランドの痩せたヒースの原野に自ら鍬をふるって開墾し、防風林を育て農地を切り開いたのが彼であった。

さて、この国が環境先進国への道を歩み出したのは、一九七三年の第一次オイルショックに起因する。当時、デンマークは国内のエネルギー消費量の九〇パーセント以上を原油の輸入に頼り、エネルギー自給率はわずか二パーセントであった。これが二〇〇〇年に一三九パーセントまで上昇した背景には、エネルギー政策において一八〇度方向転換があった。

ここで注目に値するのは、オイルショックを機に代替エネルギー導入を政界や産業界に強く働きかけたのは、学生や一般市民であったことだ。政府が重い腰を上げるまで何も変わらない日本とは、大きな違いがある。

デンマークのエネルギー分野の基本政策は、エネルギーの分散、省エネ、再生エネルギーへのシフトにあるとスズキ氏は分析する。現在デンマークのエネルギーの内訳は、石炭による火力発電三〇パーセント、北海油田等からの石油発電一〇パーセント、天然ガス二パーセント、バイオガス及び廃棄物・木材・麦わらなどのバイオマス四一パーセント、風力エネルギー一七パーセントである。今後は石油の代わりに風力エネルギーを五〇パーセントまで増やし、二〇二五年には石炭火力発電を廃止する計画である。

第二の故郷ビリビア

一九四四年生まれのスズキ氏は、今年六四歳になる。日に焼けたエネルギッシュな体軀からは、とても還暦を越えたとは思えない若さがみなぎっている。もともと実家は岩手県東磐井郡東山町の旧家だったが、祖父の代で一家は破産し、小作農へと没落。

ある日、大学進学など見込めない三男坊の彼に幸運が舞い込んだ。町長の発案で始めた奨学金の第一号奨学生に選ばれたのだ。その後、青山学院大学に進学し、社会福祉経済を学ぶ。しかし、どうしても福祉国家デンマークを自分の目で見てみたいとの思いが募り、三年で大学を中退し、単身デンマークへ渡る。

あれからもう四〇年以上が過ぎた。氏は当時をこう振りかえる。「子供たちに混じって、ビリビアの小中学校で勉強していました」。デンマーク語を学ぶため、町の農場で働きながら、小学四年生の英語のクラスと、中学二年生の国語のクラスに転入したのだという。だから「風のがっこう」があるこの町は、いわば第二の故郷なのだ。

翌年、コペンハーゲン大学政治経済学部に入学。一九七一年からデンマーク日本大使館に八年ほど勤務し、その後、ビリビアに戻って農場経営に乗り出した。一九九〇年リサーチ会社「S・R・A」を設立し、風力発電機、バイオマスプラントを日本に紹介。そして一九九七年に「風のがっこう」を、二〇〇二年には「風のがっこう京都」を開校した。

現在、三人のお嬢さんと三人のお孫さんがいる。長女は精神科の医者となり、次女は芸術大学卒業後、大手会社のデザイナーとして勤務。経済と日本語を専攻した三女は四ヶ国語を話し、風力発電メーカー最大手のヴェスタス社の北京支社に駐在する。

「私も三人の娘も、教育は国が面倒みてくれました」。デンマークでは親の収入にかかわらず、子供は平等に大学教育を受ける権利が保障される。一八歳を過ぎると、学生には毎月三五〇〇クローネ（約七万九一〇〇円／一クローネは二二・六円。二〇〇八年六月現在）が国から支給される。学生は国の人的資源との考えがその基本にあるからだ。

教育が生んだ豊かな人的資源

デンマークの教育を語るとき、忘れてはならないのが国民高等学校の創設者グルンドヴィである。国民高等学校は成人を対象にした全寮制の学校で、「人間・市民としての人格形成」を最重要理念にかかげ、「実践教育」をほどこす学び舎である。自分の頭で考えさせない詰め込み教育とは対極にある人格陶冶、実践力練磨の教育である。このグルンドヴィの教育がこの国の人々の遺伝子に組み込まれ、代々受け継がれているように思える。

デンマークでは最初に最も根本的な問題から問い、そのためには何が必要かを考える習慣を養う。親は子供が小さい時から対話し、グローバルな視点に立って物事を考えさせる努力を促し、学校では児童を社会人の一員として教育している。

「赤ちゃんには酸素、おっぱい、離乳食が必要です。酸素が空気、おっぱいが水や食糧、離乳食がエネルギーに当たります」。スズキ氏は人間にとってこの三つの要素が根本であり、食糧とエネルギーを外国に頼る日本は不安だという。

そのため、環境とは狭い枠に限定されるものでなく、安全な食糧やエネルギーの確保、空気や水を汚染から守ること、つまり「生きるための必要条件」であるとする。また、デンマークが高水準の教育、医療、福祉社会を実現できたのは教育にあると指摘する。

そして最後に、「人が生きるために必要な水と空気を汚染から守り、食料とエネルギーの国内自給に努力し、弱い者を助けるという愛情が感じられる社会の存立には、国民の生活を守る政治のあり方が問われている」と語った。

資源のない小さな国が、二一世紀をリードする環境大国に育った理由は、正しい教育に導かれた理想主義と人道主義が生み出した、豊かな人間の知恵と行動力にあった。

急成長する風力発電機メーカー

あいにくの小雨降る中、スズキ氏の運転で、「風のがっこう」から三〇分ほど離れた風力発電所の視察に出かけた。

途中、世界最大の風力発電機メーカー、ヴェスタス社の前を通りすぎる。デンマークでは、ヴェスタス社を筆頭に三つの風力発電機メーカーがしのぎをけずる。現在、世界中の風力発電機の四五パーセントがデンマーク製で、約二万一〇〇〇人がこの仕事に従事しているが、今後も雇用者は増えつづけそうだ。

風力については後発のフランスが、二〇〇六年に八八〇メガワットの発電設備を新設するなど、ここ数年で欧州は飛躍的な設備投資の増加を見込んでいるからだ。

二〇〇八年六月現在、デンマーク国内には五二一五基（三一四九メガワット時）の風力発電機が設置され、総計七〇億キロワット時の電力を賄っている。これは国内総電気消費量（約三六三億キロワット時）の約一九・二パーセントに相当し、年間六〇〇万トンのCO_2を削減している計算になる。

発電機の数で見ると、デンマークはドイツ、アメリカ、スペイン、インド、中国に次ぐ世界第六位である。しかし一人あたりの風力エネルギー量で見た場合、世界最大の約五八〇ワットで、第二位のスペイン（三五〇ワット）、第三位のドイツ（二七〇ワット）を大きく引き離している。この数値から見てもデンマークが、いかに風力エネルギー大国であるかがわかる。ちなみに日本はスズキ氏の尽力もあって、この一〇年で風力発電機は徐々に普及し、世界第一三位にランクされている。

二〇〇七年のデンマークの風力発電機メーカーの売上総額は、前年比二九パーセントアップの約三四九億クローネ（約八〇〇〇億円）で、このうち輸出が九九パーセントを占める。この十数年間で実に約四〇倍の伸びを示し、風力発電機メーカーは有力企業へと急成長した。

デンマークの風力発電機の特徴

「ほら回っているでしょう」とスズキ氏が遠くを指差した。そこには一〇〇基の風力発電機の羽根が、ブーンブーンという低い唸り声をたてて、元気に回転していた。

デンマークの風力発電機には五つの基準がある。①ナセル（発電装置）とブレード（羽根）が正面から風を受けるようなアップウィンドであること。②三枚羽根であること。③系統連結（電力会社と連結する）なしでは、稼動できないこと。④発電機全体の色は灰白色であること。⑤羽根の回転部分のローターが定数回転であること、である。

スズキ氏の説明によれば、発電機のコンピューターには最大発電量、周波数、電圧、各種機器の最大温度等のデータがあらかじめセットされており、この数値をこえると風車は自動的に停止するように設計されているとのことだ。また、これにつながる電力会社が停電すると、風車も止まる仕組みになっている。通常、デンマークの風力発電機の電圧は六九〇ボルトだが、これを一〇キロボルトに昇圧して電力会社に送電している。

風力発電一〇〇年の歴史

ここでデンマークの風力発電の歴史を振りかえってみたい。風力発電機もまた、デンマークの理想主義と人道主義を掲げる教育の中から生まれた。

一八九一年、今から一〇〇年以上も前にアスコー国民高等学校で物理と数学の教鞭をとっていた

デンマークは，国民ひとり当たりの風力エネルギー量は世界 1

この養豚所から年間 2～3 万頭の子豚が出荷され，糞尿の量は 3 万トンに及ぶ

ポール・ラ・クアーが、はじめて風力発電機を発明した。そのため、今もクアーは〝風力発電の父〟と謳われている。このはじめての発電機は直流発電で、風速に合わせて直径一一メートルのブレード（羽根）をコントロールできた。その後、ラ・クアーは直径二二メートルの大型ブレードを有する発電機を開発し、一九〇三年にはデンマーク風力発電会社を設立した。

その後、ラ・クアーの業績は継承され、第一次世界大戦当時には、すでに国内には約二五〇基の風力発電機があったというから驚きである。第二次世界大戦中は、エネルギー不足が深刻となり、風力エネルギーの利用が模索される。しかし戦争が終わり、石油が安定供給される時代に入ると、風力発電はしだいに忘れ去られてゆく。

だが、一九七三年の第一次オイルショックを契機に、デンマークは化石燃料に頼る従来のあり方を根本的に改め、自然エネルギーが再び脚光を浴びるようになる。そのころ、いまの進んだ風力発電機の原型となるモデルを量産したのが、クリスチャン・リサヤーだった。彼は発電した電力を電力会社の送電線に送り、風力発電を一般の消費者にも使用できる系統連結のシステムを実現した。これによって風力エネルギーは、化石エネルギーに代わり得る実現可能なエネルギーとしての道を歩み出した。

このほかデンマークの風力発電を成長させた原因に、補助金の存在が見逃せない。一九七八年四月、当初、商業省は一〇年間に限って風力発電の開発のために補助金を出すことを決定。結局、この補助金は一九八九年に廃止されるまで、投資額の一五〜三〇パーセントが援助された。

日本に風力発電が根づくには

風力発電所を去るに当たって、私はスズキ氏に日本に風力発電が根づくためには何が必要かを率直に尋ねてみた。

「デンマークでは、空港のすぐそばでも風力発電機が建っています。まず法律を整備することでしょう」との答が返ってきた。

風力発電所を設置するための法律には、自然保護法、自然保存法、航空法、土地計画法、電波通信法、農地法、建築法、土地分割法等がある。デンマークの航空法には、「風力発電所は小規模空港から二・五キロメートル、大規模空港から五・〇キロメートル以内の着陸進行方向に設置してはならない」と定められている。コペンハーゲンの空港近隣に何基もの風力発電機が建っているのは、着陸方向に位置していないからだという。

「日本では、国定公園内に風力発電所を建てるのは難しい状況にありますが、スキー場が許可されるのであれば、風車を建てることは法的には可能でしょう」という。

その他、系統連結や風力発電による電気の買取り義務、売電価格の設定も大切な問題となる。それがはっきり法制度化されてこそ、風力発電は広く一般に投資の対象となり、資金を集めることが可能になる。

また氏は日本にある多くの電力会社は、もっと相互の連携をとり合いながら協力すべきだという。これは、国境を隔ててエネルギーの協力関係を構築している欧州に比べたら容易なことであろう。

バイオガスプラント視察

この後、私はバイオガスプラントを見学させてもらった。バイオガスプラントとは、家畜の糞尿に油脂や動物の内臓等の産業有機物を混合し、タンクの中で暖めて発酵させ、そこから出るメタンガスをコージェネ（熱電併給）用燃料として、電気と温水を作るシステムである。

このとき活躍するのが、嫌気性細菌（無酸素状態で生育）のバイオ菌である。この菌で一〇～二五日間かけて発酵させたガスは、エンジンの腐食を防ぐため、いったんガス貯蔵タンクに入れて硫化水素を除去する。このガスがガスエンジンの燃料として発電機を回し、電気を作る。同時にガスエンジンから発生する熱で温水を作るのはまさに一石二鳥である。最終的にガス抜きした後の発酵残さ物は、肥料として農地にまかれる。

現在、デンマークには大農家が個人所有する農場用バイオガスプラントが約四〇ヶ所、多数の農家が集まって経営する共同バイオガスプラントが二〇ヶ所ある。農場用バイオガスプラントは、年間約二四〇〇万キロワット時（六〇〇〇世帯分）の電力と農業や生活のための十分なお湯を作り、一方、共同バイオガスプラントでは年間一億キロワット時の電気と二億キロワット時のお湯を生産するという。この電気は、発電所に買い取られ、農家経営の大きな収入源となっている。

私がこの日訪ねたのはモードン・バイケア氏の個人農場用のバイオガスプラントで、ここの養豚所には約一〇〇〇頭の母豚がおり、年間、約二万二〇〇〇頭の豚を出荷する。年間の糞尿の合計は約二万トンで、ここから年間約二六〇万キロワット時の電力を売電しているということだ。設備投資額は約六〇〇万クローネで、年間の売電収入が一五〇万クローネ、これから保険料やメンテナンス料を差し引いても、五年でローンを返済できる計算だ。

そもそもこの国でバイオガスプラントが盛んに行われるようになったのは、単に酪農国であるという理由だけでなく、地下水保護の必要があったためだ。デンマークの人々の飲み水には川の水は供されず、一〇〇パーセント地下水に頼っている。仮に糞尿を規制なしに放置すると、痩せた土中に容易に染み込み、尿の成分である窒素や硝酸塩が地下水を汚染する危険性が高い。そのため、政府は農家の土地所有面積に応じて家畜の頭数を制限したり、一〇月一日から二月一日までは糞尿の保管を義務づけ、農地にまくことを禁止している。バイオガスプラントは、そんな国情から生まれた知恵の結晶であった。

すでにデンマークには世界最大の洋上ウィンドファームが二ヶ所あるが、現在、政府は新たにも

バイオガス発生装置

バイオガスのガス貯蔵タンク

う二ヶ所（合計四〇メガワット）の洋上ウィンドファームと、「風のがっこう」から二〇キロメートルの場所に総額二億クローネをかけて国内最大の共同ガスプラントの建設を計画している。

今後、世界的に自然エネルギーの比率はますます高まり、デンマークはさらに環境大国としての道を歩んでゆくことだろう。その根本にある共生の哲学・教育を啓蒙するスズキ氏の挑戦は今日も続く。

〒問合せ先

♣風のがっこう（ケンジ・ステファン・スズキ）
Tel：+45-973-86869　Fax：+45-973-6563
Sra-dk@post.tele.dk
♣風のがっこう京都
〒627-0101 京都府京丹後市弥栄町字野中小字住山329-1（森林公園スイス村内）
Tel：0772-66-0770　Fax：0772-66-0771
www.kazenogakko.ne.jp

3 古くて新しい暖房システム

オーストリア　フォーラルベルク州

〝音楽の都〟の趣のある生活

〝音楽の都〟ウィーン。ハプスブルグ帝国の古都には、今も古の趣のある生活と、時代の先端をゆく快適な生活とが融合している。

趣のある生活というと聞こえはいいが、それは反面、不便な生活でもある。住居にもノイエ・ボーヌング（新式住居）とアルテ・ボーヌング（旧式住居）とがあり、十数年前、私はウィーンの中心のアルテ・ボーヌングに暮らしていた。そこにはエレベーターもなく、冷蔵庫、洗濯機などの電化製品はすべて旧式の年代モノ。おまけに暖房は薪・石炭ストーブだった。

晩秋になると、薪やブリケットと呼ばれる平べったい石炭を買いに出かけ、真っ黒になって暖炉と格闘する毎日。友人の多くがセントラルヒーティングのある部屋で、ぬくぬくと暮らしているのがいたく羨ましかったものだ。

時代は変わり、最近、コンピューター制御の進化したエコ・薪ストーブができたと聞き、私はさっそくその工場を訪ねることにした。

白銀世界が生んだバイオ・ヒーター

ウィーンから夜行列車で約一〇時間。コーヒーの香りで目が覚めると、車窓から旭日に輝く白銀のアルプスが眼前に迫っていた。ここはドイツ、スイスと国境を接するオーストリア最西端のフォーラルベルク州。プラスチックボトル製造のアルファ社や栄養ドリンク製造のレッド・ブル社など、いくつかの大手企業が本社を置くことでも知られる。

小雪降る中、さっそくバイオ・ヒーターのKOB社を訪問。週末にもかかわらず技術顧問のシェーファー氏が、特別に案内してくれた。

KOB社は、これまで大型ビル、ホテル、工場など六〇〇ヶ所以上でバイオ・ヒーターシステムを手がけてきた。また、ドイツ、イギリス、イタリア、北欧のほか、ロシアやカナダへも輸出し、売れ行きは好調だ。つい一週間ほど前には、日本からも視察にやって来たという。また同社はオーストリア環境省から〝新時代の燃料技術〟の分野で賞を受賞した、環境優良企業でもある。

オーストリアでは、オイルショック以後の一九七八年、それまで外国に依存してきたエネルギーの方向転換を迫られた。政府は原子力の賛否を問う国民投票を実施。その結果、賛成四九・五パーセント、反対五〇・五パーセントの僅差で原子力発電は敗れた。以後、再生可能なエネルギー、すなわち風力、ソーラー、バイオマスの三つのエネルギー開発に力が注がれることになる。

二〇〇一年七月、オーストリアのモルテレール環境大臣は新電力市場法の実質的な完成を歓迎する意向を表明。オーストリアは二〇一〇年までに水力発電を七〇パーセントから七八パーセントまでに引き上げ、二〇〇七年までにバイオマス・太陽・風力発電で四パーセントの電力をまかない、さらに小規模水力発電で一パーセントを上乗せすることになった。これにより西欧からの原子力発電の輸入を阻止しようという計画である。

「バイオマス」は、生ゴミや家畜の糞尿を原料とするバイオガスと、木材によるバイオマスとに大別される。「マス」という言葉では分かりにくいため、近年、オーストリアでは木材によるバイオマスを「BIO・WÄRME／ビオ・ヴェルメ」、すなわち「バイオ・ヒーター」と呼んでいる。バイオガスが暖房、温水、電気、肥料に利用されるのに対し、バイオ・ヒーターは暖房、温水、電気を生産するのだ。

注目のバイオ・ヒーターは、KOB本社二階の工場で稼動していた。同社のバイオ・ヒーターは、旧式の薪燃料を使うセントラルヒーティングを進化させたものである。

「これが、ペレットです」と、シェーファー氏が薄茶色の棒のかけらを手のひらに乗せて差し出す。木屑や、木材の切れ端などを圧縮加工した、長さ二センチ、直径五ミリほどの円柱型をしており、指に少し力を加えるとポキリと折れる。これが今や石炭、石油の化石燃料に代るクリーンで軽い新燃料だという。しかもペレットは、木製品を作る過程で排出される余り木や、木屑といった廃棄物をリサイクルした非常にエコロジーな燃料だ。最近では、古紙を再生した白色のペレットも開発されている。

ペレットが新燃料にふさわしいというのは、おおむね左記の理由による。

①オーストリアでは、年間三一〇〇万立方メートルの木材が成長するが、そのうち約六五パーセントしか使用されていない。
②オイルやガスよりも安価である。
③一リットルの灯油を燃焼させると二・九キログラムのCO$_2$が発生するのに対し、木材燃料は一立方メートルあたり、一・九キログラムのCO$_2$量で済む。（「オーストリア・バイオマス協会」調査）

シェファー氏は環境面でもコスト面でも、ペレットは化石燃料に優ると力説した。

実用化する自治体

「この辺りの建物は、すべてバイオ・ヒーターシステムでつながっています」と、シェーファー氏は町の中心へ案内してくれた。

KOB社を擁するヴォルフルト町には、町役場、郵便局、タウンホール、体育館、中学校、音楽学校、スポーツセンターなどの近代的な建物が立ち並び、町ぐるみでバイオ・ヒーターシステムを導入している。

これだけの建物にたえず暖房と温水を送っている心臓部は、音楽学校の地下室にあった。階段を降りてゆくと、木材のいい香りがしてくる。地下室には、高さ二・三メートル、幅一・六メートル、横三メートル、重さ六・二トンの巨大なバイオ・ヒーターが一機あった。KOB社の最大級のモデルである。

機械室の壁には、バイオ・ヒーターの環境循環図が掲げられてあった。「もともと〝木〟は、CO_2に関してプラスマイナスゼロの燃料なのです」と、シェーファー氏は説明する。木は生きているときCO_2を吸収し、O_2を排出。燃料になるときは、逆にCO_2を放出し、O_2を吸収するからだ。また木材燃料は燃焼し、灰となり、ミネラルとなって土に帰る。空中に排出されたCO_2は、湿った薪から出る水蒸気とともに、雲を作り、雨を降らす。雨は地下に吸収され、木の養分となる。あるいはCO_2そのものが、太陽の光のもと、光合成により木に吸収される。

バイオ・ヒーター共同購入のお宅訪問

雪の山道を行くと、どこの農家の離れにも薪がうずたかく積まれており、昔、この地方では薪ス

バイオ・ヒーターの本体

バイオ・ヒーターを使って暖房している町の中心にある音楽学校

トーブが主流であったことが伺われる。フォーラルベルグ州では、夏が終わると、そろそろ冬支度がはじまる。一〇月中旬から四月のイースターが春を告げるまで、冬は続く。時に戸外はマイナス二〇度にまで下がる。古来、日本の家屋は蒸し暑い夏を基本に造られたのに対し、ここでは冬が基本である。

取材の終わりにバイオ・ヒーターシステムを一般家庭に取り入れているモイスバーガーさんのお宅を訪問した。一歩足を踏み入れるなり、一瞬にして眼鏡が曇る。外は凍てつくマイナス一〇度にもかかわらず、屋内は汗ばむほどの暖かさだ。

二年前、家を新築するにあたって、夫妻は自然を利用した家を設計した。南面の窓を天井まで大きくとり、屋根には太陽光パネルが設置されている。暖房には迷いなく、バイオ・ヒーターを選んだ。二〇メートル離れた隣人と、五〇メートル離れた両親の賛同を得て、三軒共同で一台の機械を購入。システムに必要な「ペレット倉庫」は、夫妻の新築の家に設置された。

一般家庭用のバイオ・ヒーター機は、縦一・七メートル、横一メートル、幅八〇センチほどのコンパクトなものだ。ご主人が地下にある自慢の機械室に案内してくれた。壁には多くの電気メーターが並んでいる。「三軒の各部屋の温度調節をコンピューター制御で自動コントロールしているんです」

温度調節の目盛りがゼロを指しているスイッチがある。不思議に思って訳を尋ねると、「これは寝室です」との返事。「他は二二～二五度に設定されていますが、寝室は冬でも暖房せずに窓を開けて寝るのが健康にいいんです」。ご主人のゲロルドさんは笑顔でいった。

三軒の家は各々のメーターパネルがあり、家ごとにエネルギーの使用量がひと目で分かる。機械のコストは二万ユーロ（約三三四万円。一ユーロは一六七円／二〇〇八年六月現在）とちょっと高価だが、他の設備投資（ペレット倉庫・機械室建設）も含め、地方自治体から三〇パーセントの補助があり、一〇年で元がとれるという。

今年で二年目の冬を迎えるが、一年に一度業者がメンテナンスに来るだけで、まったく故障はない。しかも、万一の場合も安心の三六五日、二四時間のサービス体制だ。

ひと冬に三軒分で一〇トンのペレットが必要だが、燃料補給はタンク車で年に一回来てもらうだけで十分だという。タンク車のホースがペレット倉庫の窓に挿入され、掃除機の逆の原理でペレットは山のように倉庫に吹き込まれる。後は設定温度に応じ、自動的にペレットがヒーターに送られる仕組みだ。燃焼後の灰は、ひと冬で機械の灰トレイに一杯貯まるくらいの微量。その灰も、廃棄物ではなく庭や畑のミネラル栄養分になる。

最近、日本の（株）ヒラカワガイダム社との技術提携により、KOB社の新製品は木の中のミネラル分（灰分）まで燃焼できるようになり、燃え残りが約一パーセントにまで改良された。

以前は薪暖房だったため、「冬に夫が数日家を留守にすると、薪を運ぶのが本当に大変だったんです」と妻のマルゴットさんもバイオ・ヒーターに大満足だ。

なぜ、このシステムを選んだのかとの質問に、夫妻は異口同音に答えた。

「まず環境のことを考えました。木材は素晴らしいエネルギーです。コストはガスと同じくらいですが、ガスはロシアからの輸入に頼った資源です。でも、木は周囲の山から採れる〝私たちの国〟のエネルギーですから」

ご夫妻の簡潔な説明にハッとするものがあった。日本では、第一にコスト。次に便利さを追求し、国家・地球レベルでグローバルに環境を考えるのは難しい。環境法に規制されて汲々とする企業、また環境がビジネスのみの手段であることも多く、残念ながら日本人一人ひとりの深い意識にまで根づいていない。

有史以来、アルプスに生きる人々は厳しい冬と格闘しながら、同時に長い冬と共存してきた。バイオ・ヒーターは、そこで暮らす人々の深い知恵と高い環境意識から生まれた、古くて新しいこれからの暖房システムといえるだろう。

〶問合せ先

♣ＫＯＢ社
Kob Holzfeuerungen GmbH, Flotzbach Str.33, A-6922 Wolfurt, Austria
Tel：+43-(0)5574-6770-0　Fax：+43-(0)5574-65707
office@kob.cc　www.kob.cc

♣(株)ヒラカワガイダム
〒531-0077 大阪市北区大淀北1-9-36
Tel：06-6458-8687　www.hirakawag.co.jp

4 選択可能なグリーン電力

スイス　ジュネーヴ

ＳＩＧ訪問

「ジュネーヴはスイスにあらず」。こう他州のスイス人が評するのは、よくも悪くも常にこの街が小さな山国には収まりきれない世界に開いた国際都市であったからだ。

現在も、国連欧州本部や国際赤十字などの国際機関やＮＧＯが立ち並び、じつに居住者の四〇パーセントが外国人である。

直接民主制で知られるスイスは二六州からなる人口七二〇万人の国だが、このうち南西部にあるジュネーヴ州には四〇万人が暮らす。この人々を対象に二〇〇二年六月から、ＳＩＧ（ジュネーヴ産業公社）が開始したグリーン電力プログラムは、顧客一人ひとりが六種類の電力の中から自由に選択できる画期的なものだ。

このプログラムのその後を追ってジュネーヴへと向かった。

グリーン電力プログラム

ＳＩＧは一六〇〇人の従業員が勤務するジュネーヴ州最大の電力会社で、「よりよい生活のために」をモットーに掲げる。資本金は一億スイスフラン（約一〇三億九〇〇〇万円。スイスフランは約一〇三・九円／二〇〇八年六月現在）で、ジュネーヴ州が五五パーセント、市が三〇パーセント、自治体が一五パーセント拠出している。

ＳＩＧの業務は、電気・天然ガス・地域暖房を供給する「エネルギープロジェクト」、飲料水の供給や排水処理を行う「ウォータープロジェクト」、廃棄物を燃焼して電力をつくる「環境プロジェクト」、光ファイバーを使ったインターネット等の「テレコムプロジェクト」、そして投資やアドバイスを行う「サービスプロジェクト」を加えた五つの分野からなる。

売上高は八億七二〇〇スイスフラン（約九〇六億円）で、そのうち電力が五七パーセントを占める。

ひと通りＳＩＧの業務の説明を受けた後、異なる六種類の電力の違いを尋ねてみた。電力源が異なる「電力選択型」プログラムには、おおむね左記のような違いがある。

①ＳＩＧ青色電力

〝水の都〟と呼ばれるスイスでは、その発電量の約六〇パーセントが水力発電で、そのほか原子力発電が約三五パーセント、再生可能エネルギーが約五パーセントといったところだ。

そのためＳＩＧの一番の売りは、やはり水力発電一〇〇パーセントのこの電力だ。料金は二三・八セント（約二四・七円）／キロワット時。一世帯を四人家族とした場合、二〇〇二年六月以前の電気料金との比較では、月額三スイスフラン（約三一二円）ほど安くなった。

②ＳＩＧ黄色電力

ジュネーヴ州内の地域経済と資源の活性化を図って、州内で生産した電力。すなわち中小規模の水力発電（五〇パーセント）と廃棄物発電（五〇パーセント）による電力。料金は二五・八セント（約二六・八円）／キロワット時。それまでとの比較では、月額六スイスフラン（約六二三円）ほど高くなった。

③ＳＩＧ緑色電力

水力のほか、太陽光、風力、バイオマスという環境にもっとも優しい新再生可能エネルギーを発電源とする電力。料金は二八・八セント（約二九・九円）／キロワット時。月額約二一スイスフラン（約二一八二円）も高くなった。

また、顧客の支払う料金のうち、一セント（約一円）／一キロワット時がエコ電力基金に積み立てられ、一方ＳＩＧでも同額を再生可能エネルギー基金に積み立てるシステムだ。

さらにこの中には水力発電の違いによって、「ナチュラルメイド・スター」（二・五パーセント）と「ナチュラルメイド・ベーシック」（九七・五パーセント）の二種類がある。前者は水力発電でもダムを使わない、さらに環境に優しい中小規模の水力発電だが、料金は〇・〇五スイスフラン（約五・二円）／キロワット時の割高となる。この差額はエコ基金にプールされ、環境保護のために使われる。

④ＳＩＧ青色・緑色混合電力

青色電力八〇パーセントと緑色電力二〇パーセントを混合した電力。料金は二四・八セント（約二五・八円）／キロワット時。

⑤S－G黄色・緑色混合電力

黄色電力五〇パーセントと緑色電力 五〇パーセントを混合した電力。料金は二四・八セント（約二五・八円）／キロワット時。

⑥S－G灰色電力

化石燃料と原子力発電などを混合した電力で、原子力賛成派か、環境よりも安さを重視する顧客のために設定されている。料金は二三・五セント（約二四・四円）／キロワット時。

顧客数は、青色電力が二二万三〇〇〇軒（八八・一パーセント）、黄色電力が三七〇〇軒（一・五パーセント）、緑色電力が四四〇〇軒（一・七パーセント）、青色・緑色混合電力が一万四〇〇〇軒（四・一パーセント）、黄色・緑色混合電力が一二〇〇軒（〇・五パーセント）、灰色電力が一万三〇〇〇軒（四・一パーセント）で、合計二五万三〇〇〇軒（二〇〇五年調査）である。

SIGではこのグリーン電力プログラムを開始するに当たり、顧客にパンフレットを送付してハガキとインターネットで回答を求めた。しかし、無回答者は自動的に「①一〇〇パーセント水力発電」を供給するとしたことや、ジュネーヴにはフランス語を母国語としない三〇パーセントの人が暮らすことも、この結果に少なからず影響を与えていると思われる。

なお、SIGが供給したジュネーヴ州の電力消費量は、水力発電が二一六八ギガワット時、ジュ

水力発電所

廃棄物発電所。SIG 黄色電力になる（＊写真協力：SIG）

ネーヴ州内で生産した電力が六四ギガワット時、水力以外の新再生エネルギーが三三ギガワット時、原子力と化石燃料による電力が三六一ギガワット時であった（二〇〇五年調査）。

欧米のグリーン電力

そもそも世界に先駆けて、グリーン電力プログラムを始めたのは、カリフォルニア州のサクラメント電力公社だった。同社は、一九九三年に一般市民に毎月四ドルの寄付を募って、自宅の屋根をソーラー発電のために貸し出す「ソーラーパイオニア」という寄付型のプログラムを考え出した。

ソーラーパネルでつくられた電力は、電力公社の送電線と接続されているため、もちろん寄付者が使えるわけではない。毎月四ドル支払って屋根を貸す経済的なメリットは何もないのに、このプログラムがヒットした理由は、環境に対して何か貢献したいというカリフォルニア市民の意思の表れであった。また、電力公社側も、当時、一キロワット時当たり一ドル近い採算を度外視した発電コストで臨んだ。

このようなグリーン電力プログラムが実現した背景には、前年の一九九二年にリオデジャネイロで地球サミットが開催され、地球温暖化が緊急の問題として取り上げられたことや、ＥＵが推進する電力自由化政策によって、再生可能エネルギーへの気運が高まったことは見逃せない。

その後、カリフォルニアからアメリカ全土に普及したグリーン電力プログラムは、一九九〇年代半ばから欧州でも見られるようになった。

まずドイツでは、従来の電力に再生可能エネルギーを組み合わせることで、通常よりも高いグリーン電力料金が導入された。

一九九八年六月には、同年四月の電力自由化を受けて、ＲＷＥエネルギー社が「エコタリフ」という国内最初のグリーン電力を供給。これは通常の電力に加え、太陽光、風力、小規模水力発電を電源とする電力に〇・二〇ドイツマルク／キロワット時を支払うものだった。

現在、ドイツ国内には一三五のグリーン電気事業者があり、三二万五〇〇〇の顧客がグリーン電力を使用している。そのプログラムは大別すると、左記のようになる。

①一〇〇パーセント大規模水力発電（五～一〇パーセントのプレミアム価格。顧客数は約二五万軒）

②二〇～五〇パーセントの化石燃料とグリーン電力（一五～三五パーセントのプレミアム価格。顧客数約五万五〇〇〇軒）

③一〇〇パーセントのグリーン電力（一〇～四〇パーセントのプレミアム価格。顧客数約二万軒）。

このようにドイツでは、再生可能エネルギー法で電気事業者に最低買取り料金を規定して買取りを義務付けることで、グリーン電力を援助している。だが反面、自発的なグリーン電力市場の活力化が鈍化した感は否めない。

一方、オランダでも、一九九五年にＰＮＥＭ・ＭＥＧＡ社が風力、小規模水力発電、バイオマスを発電源とするグリーン電力プログラムを開始。その後、四年で、国内一二のすべての電力会社がグリーン電力を供給するに至った。

一九九八年には経済省と電力事業者が合意し、グリーン電力一万キロワット時につき、「グリーンラベル」という証書を発行し、これを取り引き可能にするシステムが誕生した。

また、一九九九年には「北極のシロクマを守ろう」というマスコミを使った大キャンペーンが功を奏し、グリーン電力は一〇万世帯から一四万世帯に増加。さらに二〇〇二年には一〇〇万世帯をこえ、二〇〇三年末には国内の全世帯の三二パーセントに当たる二二〇万世帯に達した。

その背景には、グリーン電力は環境税（五・五ユーロセント《約九・二円》／キロワット時）を免除するという政府の援助があった。このため、中には従来の電力よりも安いグリーン電力まで供給されるようになった。

しかし、グリーン電力には海外から輸入した水力発電が八〇パーセント以上も含まれることから、非課税とするのは税金の流出だという批判が高まり、優遇措置は除々に廃止される傾向にある。

価値を創造するＳＩＧ

ジュネーヴ州内でほぼ独占的に電力を供給しているＳＩＧが、顧客一人ひとりに異なる電力を供給する最大の理由は、二〇〇七年の電力自由化に対応するためだった。

電力市場が自由化されれば、隣国フランスからの安い原子力やドイツから安いグリーン電力が供給されることは容易に想像がつく。そのため、電話一本で顧客の家を訪問し、業務の一環として節電対策や様々なアドバイスも（グリーン電力利用者は無料）してきた。

二〇〇五年、ＳＩＧは空港やアメリカ大使館にもソーラーパネルを設置。また、ジュネーヴ市内にはサッカー競技場二つ分のソーラーパネルを有している。現状の一・一八三ギガワット時から、二〇〇八年末までに五ギガワット時までに拡大する予定だ。

そのほか、二〇〇五年からバイオディーゼルを販売するガソリンスタンドを出店したが、順次店舗数を増やしていく計画である。

今、スイスの電力会社は生き残りをかけて、猛然と動き出している。だが、その方向性は多様性・精神性重視の流れに向かっているように思われる。

「人間と環境に配慮した未来志向のグリーン電力をつくることは、価値を創造するということなのです」。ＳＩＧ社長のバティステラ氏の言葉が、これを的確に物語っている。

〒問合せ先
♣Porte-parole de SIG
Chemin du Chateau-Bloch 2, Le Lignon, Case postale 2777, 1211 Geneve 2, Swiss
Tel：+41-(0)22-4207090　Fax：+41-(0)22-4209360
www.mieuxvivresig.ch

5 アイスランドにみるエネルギーの近未来

アイスランド　レイキャビク

地熱先進国

北緯六三～六六度。大西洋のほぼ中央に浮かぶアイスランドは、北海道と四国を合わせたほどの島国。それでも一〇万三〇〇〇平方キロメートルの国土は、人口三〇万人が暮らすには十分だ。

ここでユーラシアプレートと北米プレートの二つの地殻の交わりが、断層となって国土を縦断する。確かに二〇世紀半ばまで、アイスランドは零細な漁業と牧畜の後進国だった。だが、地熱エネルギーの成功が、この小さな国を一変させた。〝地球の亀裂〟から吹き出るマグマの力が、一人当たりGDP世界第五位（約五万五〇〇〇ドル／日本は第一八位）へと押し上げたのだ。

そんなアイスランドでは、国内総発電量のほぼ一〇〇パーセントを水力（約八〇パーセント）と地熱（約二〇パーセント）で作り出す。また、一次エネルギーの消費においては、地熱が五四・九パーセント、水力が一六・三パーセントで、再生可能エネルギーが全体の七割を占め、その他の輸送燃料は石油と石炭の輸入に頼る。

目下、二〇五〇年を目標に、世界に先駆けて化石燃料をいっさい使わない経済社会を打ち立てようと挑戦している。

地熱発電所を見学

首都レイキャビクから東へ二〇キロメートル。この日は、まずレイキャビク・エネルギー社のヘッドリスへイディ地熱発電所にあるビジットセンターに向かった。途中、荒涼とした原野が延々と眼前に広がる。噴火した溶岩が固まった景観は月面のようだ。

「このセンターは、先週オープンしたばかりなんです」。そういって広報部のアルマール氏が迎え入れてくれた。同社は従業員六六〇名のアイスランド最大のエネルギー会社で、レイキャビク市が九四パーセント出資している。一九九九年、電気・暖房・上下水道と、異なる三つの会社が合併して現在の会社となった。そのため、当時は七つの地方自治体を相手に業務を行っていたのが、今では二二の自治体に発展。

アルマール氏はひとしきり展示ルームを案内した後、新たに設置した地熱発電三号機と四号機を見せてくれた。

この二つの発電機（三〇メガワット×二）は、蒸気タービンが三菱重工、発電機が三菱電機、復水機と冷却塔がドイツのバスケデュール社製。三号機は二〇〇八年九月から、四号機は同年一一月から稼動する予定だ。ちなみに三菱では、一九七八年にクラフラ地熱発電所に二基（三〇メガワット×二）納めたのを手はじめに、ネシャヴェトリル地熱発電所に四基（三〇メガワット×四）、同

ネシャヴェトリル地熱発電所

ネシャヴェトリル地熱発電所の直径 90 センチの温水パイプライン

空港そばの温水配給施設，ペルラン。ここから市内へ温水が供給される
（＊写真協力：レイキャビク・エネルギー社）

ヘッドリスヘイディ地熱発電所に二基（四〇メガワット×二）、計八基を納入。これとは別に、昨年レイキャビク・エネルギー社では、低圧力蒸気用に東芝製の発電機（三〇メガワット）を導入した。

地熱発電所では、生産井と呼ばれる井戸を地下深部の地熱貯水層まで掘って、熱水と蒸気を取り出し、その蒸気でタービンを回して発電する。

ここヘッドリスヘイディ地熱発電所の電気は、近年アイスランドの基幹産業になりつつあるアルミニウム精錬工場に配電されている。政府は安価な電力を武器に、外国企業のアルカン社（Alkan）とセンチュリー・アルミニウム社（Century Aluminum）の誘致に成功した。一方、ここからひと山隔てた所に同社が有する、もう一つのネシャヴェトリル地熱発電所がある。ここでは一〇〇〇〜三〇〇〇メートルの二三本の生産井が掘削され、最高三八〇度の蒸気と熱水が噴き上げる。

発電所では一二〇メガワットの電気が作られるほか、近くの湖から高さ四〇〇メートルまで水を汲み上げ、地熱で八三度に暖める。毎秒一六四〇リットルの温水は七時間かけてパイプを流れ、空港そばのペルランに一時貯えられ、そこからレイキャビク市内に送られる。この温水は、市内四五パーセントの家庭および工場用の暖房・給湯等に供される。

地熱発電の歴史と現状

地熱発電所の見学を終えて、レイキャビク・エネルギー社の本社を訪問。ここでは、アイスランドの地熱発電の歴史と現状について広報部長のアインクル氏に話を聞くことができた。

「これを見てください。真っ黒でしょう」。アインクル氏が、一九三二年のレイキャビク市内の写真をスクリーンに映し出した。なるほど、空は厚いスモッグで覆われている。当時のアイスランドは、石炭や泥炭、羊の乾燥糞が主な燃料源だった。もともとアイスランドの地熱発電は、一九四四年に一農民が小型タービンを使って自家発電したのがはじまりで、営業用発電を開始したのは一九六九年のことだ。その後、七〇年代のオイルショックが地熱エネルギーの開発に拍車をかけた。

同国のエネルギー消費の内訳（二〇〇五年）は、地熱八五ペタジュール、水力二五・二ペタジュール、石油四〇・一ペタジュール、石炭四六ペタジュールで、オイルショックを機に見事にエネルギー革命を成し遂げた（一ペタジュールpjは、原油約二五八万キロリットルに相当）。

アイスランドには二〇〇以上の火山、三二ヶ所の高温地域（地中一〇〇〇メートルで二〇〇度以上）、二五〇ヶ所の低温地域（一五〇度以下）があり、低温地域で六〇〇をこえる温泉が湧き出る。

現在、国内には五つの地熱発電所があり、合計四七四メガワットの電気が作られているが、二〇一一年には五五〇メガワットまで増やす計画だ。

地熱利用の内訳については、暖房（六〇パーセント）、電気（二〇パーセント）、魚の養殖（六パーセント）、スイミングプール（四パーセント）、消雪（四パーセント）、温室栽培（三パーセント）、工場（三パーセント）となっている。

さて、外国企業に有利なアイスランドの電気料金だが、年間の電気消費量三五〇〇キロワット時を比較した場合、EU平均四九・二四四コロナ（約九万五〇〇円）に対し、アイスランドは三五・九一七コロナ（約六万六〇〇〇円）で二七パーセントも安価だった。

アインクル氏は「世界一四〇ヶ国で開発可能な地熱こそが、未来のエネルギー源です」と語る。また同社では、アイスランド大学、米コロンビア大学、仏トゥルーズの大学と協力しながら、CO_2削減の研究にも参画している。

ブルーラグーン

ブルーラグーンは、その名の通りアクアマリンブルーの巨大な露天風呂だ。

後方には、一九七六年に電気と温水暖房用に建設されたスヴァルトセンギ地熱発電所がある。この発電所は、二〇〇六年九月に在アイスランド米軍基地が撤退するまでエネルギー供給の重要な任務を帯びていた。

地下二〇〇〇メートルから汲み上げられた二四〇度の熱水は、発電（四万五〇〇〇人分）と暖房（一万七〇〇〇人分）に利用された後、この人口湖に放流される。熱水の三分の二は海水のため、お湯はちょっと塩辛い。ケイ素やミネラルを豊富に含んだお湯は、アトピーなどの皮膚病に効果があるほか、肌のコラーゲンを若々しく保つ効果があるのだという。

七〇度で流入するお湯はコンピューター制御で、常に三七～三九度に保たれ、人口湖のお湯は四〇時間ごとに入れ替わる。流れ出したお湯は地中深くに戻され、マグマで熱せられて再び蒸気となって吹き上がる。お湯がリサイクル可能なのは、ここに住む二〇〇種のバクテリアが浄化してくれるからだ。

この地熱露天風呂には、年間四〇万人の人々が訪れ、その大半は観光客だ。また、ブルーラグーン近郊は、晴れた寒い冬空にオーロラが見られるため、今後、アイスランドはエコツーリズムでも賑わいそうだ。

問合せ先

♣レイキャビク・エネルギー社（Orkuveita Reykavikur）
Baejarhalsi 1, 110 Reykjavik, Iceland
Tel : +354-516 7717　　Fax : +354-516 7709

www.or.is

♣ブルーラグーン（Blue Lagoon Ltd.）

240 Grindavik, Iceland

Tel：+354-420 8800　Fax：+354-420 8801

www.bluelagoon.com

6

未来を担う再生可能エネルギー

オーストリア　ブルック・ライタ

エネルギーパーク訪問

オーストリアのウィーンからハンガリーへ向かうハイウェイ沿いには牧草地と畑が延々と続き、時折、鮮やかな菜の花畑が点在する。そんな自然の中を走り続けてゆくと、青空に白い羽を広げて並び立つ風力発電機の群れが目に飛び込んでくる。

私が向かうブルック・ライタは、オーストリアの国境近くに位置する、人口わずか八〇〇〇人ほどの小さな町だ。

近年、「エネルギーパーク」というNGOが風力発電、バイオマス、バイオガス、バイオディーゼルなどの再生可能エネルギープラントを次々に建設したことで、この町は欧州の未来を担う環境都市に生まれ変わった。

欧州一の再生可能エネルギー国

現在、オーストリアの総発電量の約七割が再生可能エネルギーでまかなわれ、総発電量における再生可能エネルギーのシェアは欧州第一位である。さらに二〇一〇年までに再生可能エネルギーのシェアを七八・一パーセントにするのが、当面の目標だ。

エネルギーの内訳は石炭一二・九パーセント、石油二・五パーセント、ガス一九・八パーセント、水力五八・八パーセント、水力以外の再生可能エネルギー六・〇パーセントである（インターナショナル・エネルギー・エージェンシー二〇〇五年調査）。

オーストリアでは石炭、石油、天然ガスの埋蔵量が少なく、ほとんど輸入に頼っているが、地形が山がちで河川や湖が多いため、水力が国内最大のエネルギー資源となっている。

この国が決定的に再生可能エネルギー大国への道を歩み出したは、一九七八年一一月五日の原子力発電の是非を問う国民投票だった。その結果、反対五〇・五パーセント・賛成四九・五パーセントの僅差で、原子力発電は国民から否決された（三四頁参照）。当時、すでにツベンテンドルフ原子力発電所（七二四万キロワット）が完成していたが、最終的に運転開始には至らず、発電所の主要機器や燃料は売却されてしまった。

また、一九八六年のチェルノブイリ原発事故で、風に乗って運ばれた放射能がオーストリアにも被害を与えたことから、ますます再生可能エネルギーへの感心が高まった。

その後、ＥＵの勧告によって二〇〇一年一〇月から電力の自由化が実施されると、再生可能エネルギーの発電量は飛躍的に増加。自由化に先だって制定された「エコパワー法」を受けて、各州では再生可能エネルギーを有利な料金で購入する条例を定めたからだ。

また、この法案では、二〇〇一年一〇月一日から二〇〇三年九月末までに、全エネルギーにおける再生可能エネルギー（水力を除く）のシェアを最低一パーセント、その後二年ごとに二パーセント、三パーセント、四パーセントと、二〇〇八年までに段階的に増加させる計画だ。同時に、今後開発可能な小規模水力発電を九パーセントまで増やすことが決定された。

風力発電

山国で海に面していないオーストリアは、風力発電には適していないと長年考えられていた。だが、八〇年代の気象台の調査によると、理論上の潜在風力は年間六六〇〇〜一万ギガワット時で、気象状況が風力発電を十分可能にしているとの興味深いデータがある。

「これ結構いけますよ。私が作ったんです」。そう言って、有機農法の大豆から作った健康スナックを差し出してくれたのは、エネルギーパークの発起人のヘルベルト・スタヴァ氏だ。氏は農業家であり、この町の議員であり、〝闘う環境家〟としても知られる。

氏はエコ農業に興味を抱いたのがきっかけで、やがて自然エネルギーという哲学に惚れ込み、環境保護と地域の活性化をめざして、一九九五年にエネルギーパークを設立。

当時、風力発電は美観を損なうといった反対運動や、無理解な非難中傷にさらされることもあったが、根気強く啓蒙運動を続け、自治体の支援を取りつけながら、エネルギーパークを地域に開いたNGOに発展させていった。

二〇〇〇年、スタヴァ氏は自治体と協力して、エネルギーパークの中に「ウィンドパーク」とい
う風力発電プラントを建設した。八三五万ユーロ（約一三億九四四五万円）の投資を募って、まず
五基の風力発電機を設置。自治体からは再生可能エネルギーの補助金として、一般に環境関連建設
コストの三〇パーセントが支援される。

ちなみに政府補助金の合計は、二〇〇三年が二五〇〇万ユーロ（約四一億七五〇〇万円）、二〇
〇四年が一五〇〇万ユーロ（約二五億五〇〇万円）、二〇〇五年が七〇〇万ユーロ（約一一億六九
〇〇万円）であった。

現在、ウィンドパークが生産する年間一八五〇万キロワットの電力は、近隣五三〇〇軒の家に配
電されている。これによって、年間一万二九〇〇トンのCO$_2$が削減される計算だ。

ここの風力発電機はドイツのエネルコン社のもので、このうちの一基はタワーの上部に展望台が
設けられている。このタイプの機種は国内ではたった一基ということで、氏の自慢の風力発電機で
ある。希望者は予約を入れて見学も可能だ。

ウィンドパーク建設の翌二〇〇一年、スタヴァ氏は近くの町に風力発電機一二基（年間四七八〇
万キロワット時）を設置し、「ウィンドパーク・ペトロネル」を建設。二〇〇五年には風力発電機
九基（年間三五〇〇万キロワット時）で、「ウィンドパーク・ホーレルン」を設立した。さらに国
境を越えて、ハンガリーでの風力発電にも乗り出した。

そんな氏の努力や電力自由化の波を受けて、二〇〇四年には国内で四二四のプラントが稼動し、電力自由化
六〇六・二メガワットの風力発電が可能となった。これは前年比で四六パーセント増、電力自由化

前年と比べると、じつに約八倍の伸びを示している。

現在、オーストリアの風力発電量は、欧州第七位だが、海のない国としては世界最大の風力発電国となった。

バイオマス・バイオガス・バイオディーゼル

オーストリアの再生可能エネルギーの発電量は、水力三万八六一二ギガワット時、バイオマス一九三〇ギガワット時、風力一三二八ギガワット時、一般廃棄物三二五ギガワット時、産業廃棄物二二一ギガワット時、バイオガス七二ギガワット時、太陽光一四ギガワット時（ＩＥＡ二〇〇五年調

豊かな自然の中に立つウィンドパーク

このバイオマスプラントが町の３分の１の世帯に熱暖房を供給

バイオガスプラント（＊写真協力：エネルギーパーク）

査）となっており、水力に次いでバイオマスが盛んだ。

バイオマスによる電力利用の内訳は、おおよそ六〇パーセントが一般家庭、二〇パーセントが工場による熱と蒸気利用、一〇パーセントが熱電併給プラント、残りの一〇パーセントが地域暖房である。

一九九九年一〇月、エネルギーパークが最初に着手したのもバイオマスプラントであった。このとき五〇〇万ユーロ（約八億三五〇〇万円）を投資して、二つの大型ボイラー（計六〇〇〇キロワット）を設置。熱エネルギーは七キロメートルのパイプラインを通って、八〇〇世帯に供給されている。

スタヴァ氏によるとオーストリアでは、一九九〇年代にバイオマスを利用した地域暖房システムが普及し、二〇〇〇年末までに五〇〇のプラントが建設されたという。この成功を受けて、フランスでも二〇〇〇の地域暖房施設計画が推し進められている。

次にバイオガスだが、二〇〇〇年にエネルギーパークと近隣一〇軒のビオ農家が共同で五三〇万ユーロ（約八億八五一〇万円）を投資して、プラントを完成させたということだ。現在、年間三万トンの農業用肥料から一二〇〇万キロワット時の電気と一五〇〇万キロワット時の熱エネルギーを生産し、この町の半数に供給している。

なお、この自治体では、バイオガスと風力で発電した電力を組み合わせて、一キロワット時あたり七・八ユーロ（約一三〇三円）の料金で配電している。

オーストリア全体としては、二〇〇二年末までに国内一一〇のバイオガスプラントが稼動し、年間四五ギガワット時の電力を供給するまでに成長した。今後、家畜糞尿のほかに植物を燃料としたり、さらに施設が増加すれば、この一〇年でバイオガスが再生可能エネルギーをリードすることが期待されている。また、条例では二〇〇四年末までにプラント登録し、二〇〇六年までに稼動したものについては、今後一〇年にわたって有利な電気料金が保証される。

これ以外にエネルギーパークが積極的に取り組んできた再生可能エネルギーとしては、バイオディーゼルがある。

オーストリアのバイオディーゼルに関する研究は一九七三年から始まり、「バイオディーゼル・パイロット・プロジェクト」によって、菜種油から自動車用燃料を作る計画が進められた。その後一九九〇年になって、はじめてバイオディーゼルでトラクターを走らせることに成功。

闘う環境家，スタヴァ氏

それ以降、年間九万五〇〇〇トンクラスのバイオディーゼルプラントがいくつも建設された。加えて、全国規模で農協が一〇〇〇〜三〇〇〇トンの小規模プラント（合計一三万三〇〇〇トン）経営に乗り出した。目下、国内には一五〇ヶ所のバイオディーゼル販売所もできている。

現在、EUは輸送用車輌についてガソリンに代わる燃料を使うよう勧告している。これによると、二〇〇五年までに二パーセント、二〇一〇年までに五・七五パーセントの代替燃料の使用が求められている。バイオディーゼルは食品価格高騰の要因といわれながらも、ガソリンに代わる再生可能な燃料であるに違いない。

京都議定書に関するＥＵの地球温暖化ガスの削減目標は、一九九〇年比のマイナス八パーセントであるが、オーストリアは一三パーセントを目標に掲げる。しかし、専門家の間では、一般家庭部門および交通部門の排出量の増加を理由に、目標の実現にはかなり悲観的だ。

一方、エネルギーパークでは設立当初、二〇一〇年までに自治体で五〇パーセントのCO_2を削減（一九八八年比）する目標を立てた。二〇〇二年、この目標を達成したことも含めて内外から高い評価を受け、エネルギーパークは〝環境（気候分野）のオスカー賞〟と称される「ＥＵクライメイト賞」を受賞した。

「これで再生可能エネルギーに反対する人も、もういなくなったのでしょうね」と尋ねると、スタヴァ氏は「ええ、でもそれはむしろプーチン大統領（当時）のお陰です」と笑顔で答えた。二〇〇五年の冬、ロシアがウクライナ制裁のため、天然ガスパイプラインをストップしたことで、オーストリアもとばっちりを受けてガスが止まってしまった。その事件で、バイオガスの人気が一段と高まったのだという。

問合せ先
♣ENERGY PARK
Wienergasse 4, 2460 Bruck/L, Austria

Tel：+43-(0)2162-68100-13　　Fax：+43-(0)2162-68100-29

office@energiepark.at

www.energiepark-bruck.at

第2章　交通・行政

7 人に優しい自転車の街

イタリア　フェッラーラ

日常的なイタリアの交通渋滞

すべての道はローマに続く。だがローマの道は、どこもかしこも車の大渋滞。交差点で信号が変わっても、誰も動けず立ち往生。いらいらしたドライバーのひとりがクラクションを鳴らすと、それを合図にクラクションの大合唱が始まる。そんな喧騒の中をスクーターがビューン、ビューンと騒音を立てながら風を切って走り抜けてゆく。ローマに限らず、イタリアではよく見られる光景だ。

しかし〝自転車の街〟フェッラーラは、そんなイタリアのイメージを払拭してくれる、人に優しい街であった。

ルネサンスが開いた世界遺産の街

ミラノの東南約二〇〇キロメートル、ベネツィアの西南八〇キロメートルに位置するフェッラーラは、人口一三万四〇〇〇人の落ち着いた小さな町である。一三世紀から一六世紀にかけて、ここは芸術・文化を愛するエステ家の統治の下、北イタリアの〝ルネサンスの華〟として栄えた。

当時、塩の利権をめぐってベネツィアと争い、城下町はぐるりと九キロメートルの城壁で囲まれた。かつての城下町は、現在も旧市街として昔の面影を残し、城壁に沿って、サイクリングロードが走っている。

一九九五年、この街はユネスコの世界遺産に登録された。街の中央にはエステ家の居城エステンセ城（現在、市庁舎）や、フェッラーラの守護神をまつる壮麗なドゥオーモ（大聖堂）など、見所は多い。

「フェッラーラの赤ん坊は、歩くよりも先に自転車を覚える」というジョークがあるように、なるほど街は自転車で行き交う人々で溢れている。学生、主婦、スーツ姿のジェントルマン、ふたり乗りのカップル、自転車を傍らに止めたお年寄りの集会。ここでは老若男女すべてが、思い思いに自転車を楽しんでいるように見える。それを可能にしているのは、やはり厳しい自動車規制の賜物であろう。その自動車規制をする側の警察官までが、自転車にまたがって、どこかのんびりと市街をパトロールする姿はとても好感がもてた。

フェッラーラ市交通局を訪ねて

私は幸運にもフェッラーラ市交通局のアルベルト・クロッチェ局長を訪ねて、進んだ環境政策についてインタビューする機会を得た。というのは、夏のバカンスシーズンは、イタリア人にとって最も大切な時期で、ほとんど仕事が手につかないといってよいからだ。

まず、「職場までは、どのように来られますか」と質問してみた。氏は五〇キロメートルほど離れた隣りのボローニャ市に住んでいる。毎朝、自宅から自転車でボローニャの駅まで向かい、そこから列車に乗ってフェッラーラ駅で下車。再び自転車で職場まで、片道一時間半かけて通っているという。自動車を使えば四〇分の距離だが、交通局長自らが率先して模範を示しているのだ。

次にクロッチェ氏に自転車に乗るメリットについて尋ねると、矢継ぎばやにこう答が返ってきた。「第一に環境に優しいこと。第二に資源の無駄がない。第三に健康に良いことです」。これに安全性、道路の維持、騒音がないことをつけ加えた。

統計によれば、現在、一三万四〇〇〇人の市民のうち、約一二万人が自転車を所有するというから、自転車所有率は約九〇パーセントになる。この中で日常的に自転車を利用している人は、約八〇パーセントである。

そのうち二キロメートル以内の通勤・通学等には四七・五パーセントの人が、二〜五キロメートルには二九・九パーセントの人が自転車を利用している。また時間で見た場合、通勤・通学等に五〜一五分の時間を要する人のうち、五三・一パーセントが自転車を利用している。

自転車の型については、日本で見られるギアつきのスポーツタイプは少なく、その内訳は、至って普通の実用車が八五パーセント、マウンテンバイクが八パーセント、レース用自転車四パーセント、シティバイク二パーセント、その他が一パーセントというのはなかなか興味深い。

交通規制の流れ

クロッチェ氏によると、フェッラーラ市では、一九七〇年代から自動車の規制に乗り出した。しかし、最初は環境保護の目的ではなく、もっぱら歴史的建造物保護のためであったようだ。建物は長年の自動車の排気ガスで真っ黒にすすけたり、石畳が摩滅したりと、自動車による被害が深刻であった。

八〇年代に入ると、ローマ、ミラノ、ヴェローナなどの大都市でも、交通規制は徐々に進められていった。

九二年、三万人以上の人口を有する市は、都市交通計画を作ることが義務づけられ、フェッラーラ市は大気汚染や騒音などの公害対策や省エネ対策を打ち出した。

九六年、自転車の増加に伴ない、フェッラーラ市はイタリアではじめて自転車課を創設。その後、

エステ家の居城エステンセ城の前の駐輪場

フェッラーラ市交通局の公用自転車タクシー

自転車に乗ってパトロールする警官には，どこか好感がもてる

国内には一〇の自転車課ができている。二〇〇〇年、当市は自転車課を国内に先駆けて設立し、環境に貢献した功績が称えられ、イタリア環境省から顕彰された。

九八年、自転車利用に関する法案（法三三六）が採択され、これによって自転車道の整備や駐輪場の建設などに国の補助金が拠出されることになった。

この法案に関連してフェッラーラ市では、ビチプラン（自転車計画）と呼ばれる自転車利用促進計画を打出した。このプランは、概要次のような内容である。

①自動車の交通規制および旧市街からの自動車排除に関する規定。具体的には時速三〇キロゾーンを拡大して速度規制を実施したり、交通規制ゾーンを拡大したり、自転車が通行可能な歩行者天国を拡大した。

②主要な公共交通機関であるバス利用の促進。

③自転車利用の促進。自動車、自転車、歩行者道を分離し、環状線沿いの自転車道から放射状に延びる七本の自転車道を延長。加えてレンタサイクル制度を設け、駐輪場設備を拡充。

さらに斬新な施策を試みる

二〇〇三年には、歴史的建造物保護のために街の中心に設けられた五〇ヘクタールの交通規制ゾーンを、二〇〇ヘクタールに拡大した。ここではバスやタクシーの公共交通機関、救急車等の緊急車両、そのゾーンに住む住民の自動車を除いて、他の車両には通行料が課せられるようになった。

この通行料、駐車料金、違法駐車に対する罰金等の市の収入は、すべて交通対策のための費用にあてられる。

　その他の施策に「パーク・アンド・バイクライド」がある。これは城壁の内側の駐車料金を高くする（一時間当り約二四〇円）一方、城壁の外側に大きな駐車場を作り、この料金を無料とした。郊外から街の中心に通う市民は、いちど車を壁の外の駐車場に止めて、そこから自転車に乗り換えるシステムだ。

　さらに市では自転車専用の標識を立てたり、従業員に通勤用の自転車を貸し出す制度も作った。また自転車を持ち込めるバス、ツーリストに大人気の自転車タクシー、自転車に乗ったまま入れる公衆電話ボックスの設置等も実現した。

　クロッチェ氏によると、現在、電気と天然ガスで動く低公害・省エネのハイブリッドバス四台が

街の中を自転車に乗って颯爽と走る人々

12～14 世紀のロマネスクとゴシックの混合様式からなるドゥオーモ。内部には美術館がある

城壁沿いのサイクリングロード

市内を走っているが、近々中にもう二台追加する予定だという。また二〇〇三年九月から市内を循環するハイブリッドミニバスを導入したところ、その月の乗車人数は一日平均三〇〇人であったのが、一二月には六〇〇人に倍増したとのことだ。

このほか週末に自転車をレンタルすると、博物館・美術館が入場無料になったり、ホテルやレストランが割り引きになる「週末レンタサイクル」はとても面白いアイディアだ。

同時に市では、市民への環境啓蒙運動も進めている。昨年は環境小冊子とパンフレットのセット五万七〇〇〇部を配布した。例えば、この中で交通規制によりディーゼルカーが放出する空気中のミクロ粒子の量が減少した事実を報告したり、自家用車は買うよりレンタルする方がよいなどの情報も掲載している。

今後の課題と目標

イタリア人の自由奔放さゆえか、自転車事故もそれなりに多い。日本と同様、左側通行を守る自転車は少なく、気の向くままに走っているといった感じだ。特に市内と市外を結ぶ交差点で事故が多発している。

一九九二年は事故八五件、死者六人、負傷者八九人であったが、九六年には事故一四六件、死者八人、負傷者一三六人に増加。詳細な統計はないが、その後、事故は減少しているという。

事故防止対策として、今後、市では自転車専用道路を増やして、自転車と自動車の分離を進めたい意向だ。すでに環境省では城壁の自転車道にカメラを設置して監視を始めている。また子供が自転車通学する場合は、なるべく親がいっしょに走るなど指導したり、子供の登下校時には警察が安全を監視する対策も実施されている。

このような種々の努力が評価され、フェッラーラ市は二〇〇三年、ＥＵ（欧州連合）から「持続可能な環境都市」に認定された。

かつてルネサンスが開花したフェッラーラの地に、いま環境復興の大輪が咲こうとしている。

〒問合せ先

♣フェッラーラ市交通局自転車課

（Comune Di Ferrara Servizio Mobilitàe Traffico）

Via Guglielmo Marconi 37, Ferrara

Tel：+39-0532-419997

www.servizi.comune.fe.it

traffico@comune.fe.it

8 レンタサイクルシステム「シティバイク」

オーストリア　ウィーン　／　フランス　パリ

欧州の交通対策

ヨーロッパの都市は、一般に旧市街を中心に放射状に道路が伸びる。そんな幹線道路はいつも車であふれている。都市からいかに自動車を締め出し、交通量を減少させるか。この深刻な問題に、各国はさまざまな対策を講じている。

例えば、旧市街への自動車の乗り入れを全面的に禁止したり、ナンバープレートの末尾番号によって乗り入れを制限したり、渋滞税を課したりといった具合だ。さらに高福祉国家デンマークでは、自動車購入の際の取得税を一八〇パーセントにすることで、公共交通機関や自転車の利用を促す。

そんな中、いまオーストリアやフランスを中心に、コミュニティ・サイクル・システムが注目を集めている。これは市内の至るところにコンピューター制御の無人駐輪場を置くレンタサイクルシステムで、貸し出し・返却も容易なことから利用者が急増。都市生活はいっそう便利で快適なものになった。

もとをたどれば、一九六〇年に「ホワイト・バイシクル・プラン」というネーミングで、オランダが実施したのが最初だ。その後、大手広告会社の米クリア・チャンネル社と、仏JCドコー社がこの分野の開発に乗り出し、互いにしのぎを削っている。

音楽の都を駆けるシティバイク

二〇〇二年、JCドコー社傘下にあるオーストリア最大手の広告会社ゲヴィスタ社は、ウィーンで完全コンピューター制御によるレンタサイクル「シティバイク」(Citybike)に着手。それ以後、音楽の都ウィーンでは、まるでワルツの調べに乗ったかのように、自転車がスイスイと風をきって走る光景がこれまで以上に見られるようになった。

ゲヴィスタ社は、ウィーン三区のリトファス通りに建っている。リトファスとは、「広告」という意味のドイツ語である。さっそく、シティバイクのプロジェクト担当者であるデヒャント氏を訪ね、そのシステムについて尋ねてみた。

ウィーンゲヴィスタ社は五年前から旧東欧地域のチェコ、ハンガリー、セルビア、クロアチア、ボスニア・ヘルツェゴヴィナにも積極的に進出し、業務を拡大。年間、一億四〇〇〇万ユーロ(約二三三億八〇〇〇万円)の売上げを出すまでに成長した。

駅構内、地下鉄・バス・路面電車の車内のほか、街中の広告板や「リトファスツォイレ」と呼ばれる円柱の広告塔が、ゲヴィスタ社の主な広告媒体だ。また、親会社のJCドコー社同様、公園や街のベンチ・外灯・ゴミ箱・灰皿・トイレのほか、バス停やキオスクも手がける。これには、有名デザイナーが美観と調和に配慮しながら仕事に当たっている。

デヒャント氏によると、ウィーン市内の主な駅、博物館、観光名所など、五五ヶ所に無人のシティバイク・ステーションがあり、各々一〇〜二〇台の自転車が配備されているという。自転車の製作費は一台当たり六〇〇ユーロ（約一〇万円）で、現在、九〇〇台を所有する。このほか、シティバイク・ステーションの設置費用など、このプロジェクトには約三〇〇万ユーロ（約五億円）のコストがかかったとのことだ。

自転車は鮮やかなブルーとイエローの二種類。常に屋外に駐輪されるため、頑丈でサビにくい素材で作られている。ハンドルの右手に変速機、左手にブレーキがある。前方にカゴがつくが、安全に配慮して後部に人が乗れる荷台はない。また、自転車の前後輪とカゴに大きく入ったスポンサーの名前は、パッと目に飛び込み、かなりの宣伝効果が期待できる。

なお、シティバイク・ステーションの自動レンタル機は、銀行のＡＴＭのように二四時間利用可能で、使い方は下記の通り。

①ロイヤルツアー・ツーリスト・インフォメーション（1010 Wien, Herrngasse 1）で購入するプリペイド式のシティバイク・ツーリストカード、もしくはビザ、マスター、ＪＣＢいずれかのクレジットカードのボタンを選択し、カードを差し込む。
②スクリーンに表示される自転車の番号を選択。
③自分の決めたパスワードを入力。
④表示されるバイクボックスの番号を選択。

⑤バイクボックスの緑色に光るノブを押して自転車を取り外す。

料金は登録料が二ユーロで、最初の一時間は無料。二時間目は一ユーロで、三時間目が二ユーロ。その後、四時間から一二〇時間は毎時四ユーロとなる。仮に自転車を紛失してしまった場合は、六〇〇ユーロの補償義務が生じる。

すべての自転車とシティバイク・ステーションはコンピューターでつながり、同社のオペレーションルームでは、いつ、誰が、どこでレンタルしているという情報をタイムリーに掌握できる。

自転車の利用者はツーリストが一五パーセントで、残りは市民。一回の平均走行距離は約三キロメートル、平均走行時間は二一分。一二～一三時の昼食時と一七～一九時の帰宅時刻がもっとも利用頻度が高いという。

オペラ座前のシティバイク・ステーション（＊写真協力：ゲヴィスタ社）

ウィーン市内には，たくさんの自転車専用道路が整備されている

無人の自動レンタル機

また、問題点について氏に訊ねたところ、中には自転車を返却しない人もいて、その場合はSMSやメールで告知する。しかも、自転車は日に一〇〇件ほど損傷したり故障するため、常にメンテナンスしてまわる必要がある。それに加えて、自転車の利用は場所によってバラつきがあるため、すべてのステーションに偏りなく自転車を配置するよう、トラックに自転車を乗せて移動させるのも隠れた重労働なのだそうだ。

二〇〇六年度の利用者は二七万五〇〇〇人。二〇〇七年は三五万人の利用者に達した。シティバイクの導入で、かつて二パーセントだった自転車人口は五パーセントに上昇。今後は、ステーションをもっと増やす計画だ。だが、ゲヴィスタ社では、このプロジェクトによる収益はまったく見込んでいない。

「ウィーン市の環境政策に積極的に貢献することで、公共の広告スペースを獲得することが目的なんです」。デヒャント氏のこの言葉はいささか予想外であった。

花の都でヴェリブがスタート

街中を車と並んで、白馬にひかれた馬車がパカパカ優雅に行き交うウィーンとは違って、大都会パリはいつも車の大渋滞。二〇〇七年七月一五日、そんなパリで新たなコミュニティ・サイクル・システム「ヴェリブ」(Velib) がスタートした。フランス語の自転車 (Velo) と自由 (Libre) からできた造語にパリ市の思いが託されている。

開始当初は七五〇のステーションに一万台の自転車を配備。パリ市内のほぼ三〇〇メートルごとにステーションがある計算だ。二〇〇七年末までに一四五一ヶ所、二万六〇〇〇台に増やし、二〇〇八年には二〇万人の利用者を見込んでいる。

パリ市では、二〇〇五年のリヨン市の例にならって、街路設備の工事・維持を委託する際に、コミュニティ・サイクル・システムを導入することを条件とした。このプロジェクトの入札時も、やはりパリで三〇年以上広告管理権を有する仏JCドコー社と、業界第一位の米クリア・チャネル社が威信をかけて激突。最終的にJCドコー社が向こう一〇年間の権利を落札した。

〝花の都パリ〟とはいわれても、ラテン民族の気質ゆえか、これまで環境政策には一歩遅れをとっていた。しかし二〇〇一年、社会党のドラエノ氏がパリ市長に就任するや、環境にやさしい交通利用を提唱。実際、自動車の利用を一三パーセント減らすまでの成果をあげた。

また、二〇〇七年には「パリ都市交通中長期計画案」を打ち出し、二〇〇七年時の自動車以外の利用率（七八パーセント）を、二〇一三年には八〇パーセント、二〇二〇年には八三パーセントにすること。さらに三〇万人の自転車利用者数をそれぞれ四〇万人、五〇万人とすることを目標に掲げた。

だが、喧騒のパリには、ウィーンのような快適な自転車専用道路が整備されていない。一般的に、自転車も危険な車道を走らなければならない。今後は、どこまで安全な自転車専用道路を拡充できるかが、ヴェリブ定着の大きな鍵を握ると思われる。

問合せ先

♣ GEWISTA　Werbegesellschaft m. b.H.

A–1031 Wien, Litfaß Str. 6, Postfach 124, Austria

Tel：+43–(0) 1–79597363　　Fax：+43–(0) 1–79597362

www.gewista.at

www.citybikewien.at

9 未来を展望する〝環境首都〟

ドイツ　ミュンスター

環境首都コンクール

ドイツ北西部のヴェストファーレン州の州都ミュンスター市は、人口二八万人の大学都市として知られる。旧市街の中心にある市庁舎には、今も三十年戦争を終結させたヴェストファーレン条約が締結された「平和の間」がある。

だが、ミュンスター市は、近年、「環境の街」、「自転車の街」として世界に知られるようになった。その理由は、市の環境への努力が高く評価され、この二〇年で二〇をこえる賞が贈られてきたからだ。

そのうち二〇〇三年には、「ローカル・アジェンダ・ベスト・プラクティス・プロジェクト賞」（古い建物修復、省エネ・廃棄物、エネルギー・気候保護の三部門）を受賞。翌〇四年には「自転車首都賞」、〇五年には「地球エネルギー賞」にも輝いた。

しかし何といっても、環境都市として不動の地位を築いたのは、一九九七年の「環境都市賞」

（気候保護勝利者賞）の受賞による。ドイツ国内約二〇〇の市町村を対象としたこのコンクールは、一般に「環境首都コンクール」と呼ばれる。一九九〇年から二〇〇〇年まで、毎年、ドイツ環境援助協会を中心に、ドイツ環境自然保護連盟（ＢＵＮＤ）やドイツ自然保護連盟（ＮＡＢＵ）などの環境団体が開催してきたものだ。

環境首都コンクールでは、①エネルギー、②廃棄物、③交通、④環境・気候保護、⑤環境教育・広報活動、⑥環境計画、⑦自然保護、⑧農林業、⑨河川および湖沼、⑩飲料水・排水、の一〇のテーマについて、約七〇の設問が出題される。

各自治体はおのおのが取り組んでいる環境対策について自由に記述できるが、いわば自己評価に近いこの回答は、地元の複数の環境団体によって厳格に審査される。

エネルギー・廃棄物政策

ミュンスターの市庁舎の緑化・環境課を訪ねると、課長のブルンス氏は多忙を極めていた。もともと仕事が多いうえ、環境首都に選ばれたことで、欧州はもとより日本からもたくさんの人が視察に訪れるからだ。まず、氏から市のエネルギー政策について説明を受けた。

一九九〇年一一月、ドイツ連邦政府は二〇〇五年のCO_2排出量を一九九〇年比で二五パーセント削減する目標を打ち出した。ドイツの一般家庭におけるエネルギー需要の内訳は、暖房七七パーセント、給湯一二パーセント、料理三パーセント、その他八パーセントで、いかに暖房用エネルギーを削減するかがCO_2削減の大きな鍵だった。そのため一九九六年の「行動コンセプト」では、

ラート・シュタツィオーンには，3500 台の自転車を収容できる

「パーク＆バス or バイシクル」ステーション。ここからバスまたは自転車で市内に向かう（＊写真協力：ミュンスター市環境課）

省エネ改築・低エネルギー住宅建設の推進が地球温暖化防止対策の柱として盛り込まれた。

ミュンスターでは、市内の七〇パーセント以上の建築物が一九八〇年以前に建てられたもので、熱効率が悪くむだにエネルギーが使われ、CO_2の排出量も多かったという。そこで市では、省エネを目的とした古い住宅を改築するための補助金制度を導入。

補助金を受ける条件としては、一九八〇年以前の建物であることのほか、住宅の広さが一五〇平方メートル以下であること。さらに専門のエネルギー診断士による「熱パスポート」調査が必要とされる。診断書には住宅の詳細な情報のほか、家のエネルギー消費量・CO_2排出量、改築上のアドバイスなどが記載される。

補助金の額は、改築計画の省エネ率によって異なり、省エネ率三〇パーセント以上の場合は三五〇万円（当時）を上限として改築費の一五パーセントが支給される。省エネ率一〇～三〇パーセントでは一〇パーセント、省エネ率一〇パーセント以下では、五パーセントが援助される。

一九九七年から二〇〇四年までの補助金総額（当時）は、約六億五〇〇〇万円。改築のための投資総額は、合計四七億円にのぼる。このプロジェクトにより新たに四五〇人の雇用が創出され、八〇〇〇トンのCO_2が削減される計算だ。

二〇〇五年からは省エネ率にかえて、熱貫流率（熱の通りやすさ）の数値を基準とした補助金制度がスタートした。さらに市では、毎年「熱パスポート」診断を受けた建築物の中から、優秀な建物を選んで「熱保護オスカー賞」を贈り、模範となる建物には「緑の番地プレート」を授与している。

リサイクルを徹底

次にブルンス氏は、ミュンスターが国内最高のリサイクル都市に成長するに至った経緯について話してくれた。一九九〇年初頭、ミュンスター市議会は廃棄物処理のための焼却場建設計画を白紙に戻した。ゴミの焼却処理をとりやめ、まずゴミを出さない努力、出てしまったゴミについては徹底的に分別した後、最終的にリサイクルする方針に切り換えたのだった。その政策が功を奏し、現在では廃棄物（年間約六〇万トン）の八四パーセントが再利用されるまでになった。

しかも、ミュンスターの年間のゴミ回収費は一世帯（四人家族）あたり五〇〇〇円ほどで、他の自治体と比較して格段に安い。通常、ドイツの平均的なゴミ回収費は年間二万円ほどで、これが焼却処理する自治体だとさらに高額で、六万円もかかる。

ここでゴミのリサイクルについて見ると、まず、四色のプラスチック容器に分別された家庭からのゴミは、市が設立した廃棄物処理会社（AWM）によって収集される。その後、生ゴミは埋め立て地に搬入されて堆積され、ここで発生するメタンガスを使って電気と温水が供給される。一方、古紙や金属は、そのほとんどが再利用される。

また、郊外に設置された九ヶ所のリサイクルセンターでは、電化製品、家具、発砲スチロール、スプレー缶、乾電池、鉄骨、薬剤、廃油などを無料で引き取ってくれる。このほか、レストランの残飯は家畜の飼料となったり、ワインのコルク栓は断熱材や床材、建設現場から出るセメントやレンガまでもリサイクルに供される。将来的には、まだ再利用されていない一六パーセントの廃棄物をさらに選別施設に送って、再利用する計画だという。

自転車の街

市ではCO$_2$削減のため、バスやタクシー、そこに居住する住民の車を除いて、旧市街の約半分の地域で車の乗り入れを禁止している。そのため通勤や通学で街まで通う人々は、中央駅からバスまたは自転車を利用することになる。一方、郊外から車に乗って来る人々は、市の入口にある無料駐車場にパーキングして、そこからバスまたは自転車で市内に入る「パーク&バスorバイシクル」を採用している。市はこれをバックアップするため、当時、総工費一二億円をかけて三五〇〇台収容可能なガラス張りの駐輪場を中央駅そばに建設した。

ミュンスター市の自転車利用率は、国内最高の四三パーセントで、現在、四〇万台の自転車が登録されている。だが、実際は人口の二倍にあたる自転車があるといわれている。このため、自転車専用道の信号機は一般車両用の信号より早く青に変わったり、赤色の自転車道には雨水を吸収する特別素材が使用されたりなど、随所に自転車の安全対策が施されている。

現在、かつての旧市街をぐるりと囲む城壁跡に、「自転車のアウトバーン」と呼ばれるサイクリングロードが走る。これを含めて市内に二七〇キロメートル、郊外に二五五キロメートルの自転車道が建設されているが、総工費三〇〇億円以上を投じて、合計一〇〇〇キロメートルまで延長する計画だ。

市では以上の交通対策、エネルギー対策、廃棄物対策を含む、八〇以上の地球温暖化防止対策を実施したことで、二〇〇五年までに一七パーセント（一九九〇年年比）のCO$_2$を削減。

「市民は子どもから大人まで、環境優先の街ミュンスターに誇りをもっています。私はその思いに応えて、ミュンスターを世界でもっとも快適な環境の街にしたいのです」。ブルンス氏は、深い決意をそう語った。

今後、ミュンスターは世界の環境首都に飛翔してゆくにちがいない。

問合せ先

♣Stadt Münster Amt für Grünflächen und Umweltschutz
Albersloher Weg 33, 48155 Münster
Tel：+49-(0)251-492 6762　Fax：+49-(0)-251-4927737
umweltamt@stadt-muenster.de
www.muenster.de/stadt/umwelt
www.oekobase.de/preise/Stadt/Stadt_Munster_/stadt_munster_.html

10 高速道路上に広がるビオトープの公園

ドイツ　カールスルーエ

ビオトープとは

もともとビオトープという言葉はギリシャ語に由来するが、直接的には「ビオ」（生き物）＋「トープ」（住むところ）という現代ドイツ語の造語である。人間が生活する空間の中に、動植物がバランスよく同居する空間を人為的に取り戻そうというのがビオトープのコンセプトだ。

最近、「財団法人日本生態系協会」認定のビオトープ管理士という職業が人気だそうだが、この職業の定義から、さらにビオトープの意味が明らかになってくる。すなわち、ビオトープ管理士とは「地域の自然生態系を守り、取り戻すビオトープ事業・自然再生事業を効果的に推進するために必要な知識、技術、応用能力をもつ者に与えられる資格」である。

東京オリンピック以前に田舎で育った人であれば、誰もが幼い頃、近くの小川の土手で遊んだ思い出があるだろう。春には野の花をつみ、夏にはチョウチョやセミ、秋にはトンボを追いかけた、そんな光景が幼い頃の記憶の中に今も懐かしくよみがえってくるに違いない。

しかし、その後も経済最優先で都市化を推し進めた日本では、都会はもちろん地方でも、こういうのどかな風景があまり見られなくなってしまった。そこで、一〇年ほど前から失われた自然を取り戻そうという動きが、特に都市部を中心に起こり、ビオトープに取り組むようになってきた。

蘇ったアルプ川

ビオトープという言葉がドイツで生まれたことはすでに述べたが、現在、ビオトープ最先進国といえば、やはりこのドイツである。

特に環境都市宣言したことで有名なドイツ南西部の中都市、人口約二五万のカールスルーエ市では、カールスルーエ城の森、ライン川が残した街中の歴史ある砂丘、建物の屋上に設けられた緑地、クライン・ガルテン（小さな庭）など、実に様々なビオトープを試みている。

その中でも、高速道路のトンネル上に作られた公園とその脇を流れるアルプ川の再生は、ドイツのビオトープの象徴として広く知られるようになった。

この日、小雨降る中、案内してくれたのはカールスルーエ市の環境保護課のシュミット氏である。環境保護課とは別に、ビオトープ課という部署もある。市ではビオトープ課に限らず、環境保護課、都市計画課、土木課などの部署が、各々異なる立場からビオトープに取り組んでいるのだ。

「ほうら、向こうの土手にサギが見えるでしょ」、シュミット氏が小声で指差した。その目の前をカモのカップルがスイスイと川面を滑ってゆく。アルプ川にサギやカモが見られるようになったのは、まだ最近の話だそうだ。しかも、以前は川自体が現在の場所にはなく、道路を隔てた向こう側にあったのを人為的にここへ移したというから大胆だ。

アルプ川は黒い森《シユヴアルツヴアルト》の北端に源を発し、カールスルーエの街を蛇行しながらライン川へ注ぐ全長約四〇キロメートル、幅一〇〜二〇メートルの小さな川である。

黒い森には多くの製材工場や製紙工場があり、二〇〜三〇年ほど前までは、工場が排出する汚水や各家庭からの生活排水で川の水は悪臭が漂っていたという。しかし、現在は汚水処理場で完全な排水処理が行われるようになったため、深さ一メートルほどの川底には水草が透けて見えるくらいに水は澄んでいる。

失敗は謙虚に是正する

二〇〇二年八月、大雨によりドイツのエルベ川が氾濫し、甚大な被害と死傷者を出したことが大きく報じられた。その他の川も例外でなく、ライン川は二〇〇年に一度、アルプ川も一〇〇年に一度の洪水を想定して整備してきた。実際、アルプ川では二、三年に一度の大雨で川の水が増水して溢れ出し、近くの住人はそのつど、浸水被害にあってきた。

一九八八年、その対策として蛇行した川を直線にし、川幅を広げる土木工事が施行された。土手の草は刈り取られ、地面をコンクリートでしっかり固めて洪水に備えた。

だが、その結果、工事した周囲の川辺に生息する生物はたったの三種類に激減してしまったのだった。草地の土手では年間を通して四〇〜五〇種類の生物が見られることを考えると、やはりこの工事が原因であることは間違いなかった。

そのため、橋の下や工場地帯などの特別な場所を除いて、それ以外の川辺はコンクリートを土に戻す自然再生事業が急がれた。三年後の一九九一年には、蒼々と繁ったイグサと、まだ背は低いながらもハンノキや柳の木が育ち始めた。それからまた数年で、川の両岸は鬱蒼とした林が生い茂るまでになった。わずか六、七年の間に、同じ場所とは思えないほど川辺は大きく変貌を遂げたのだった。

現在、川岸をしっかりと守っているのは、成長したハンノキと柳である。ハンノキは樺《かば》によく似た木で、二五〜三〇メートルに成長する寿命一二〇年の温・寒帯地方で生育する落葉樹だ。湿地帯で成長するだけでなく、水中の川底までも根を張るところが買われて植林された。川岸はハンノキの強く太い根っこで固められ、また水中に伸びた根っこは魚や水中生物のよい隠れ家にもなる。何度カットしても枝を伸ばす強靭な生命力に加えて、あまり手入れが要らないのもよい。だが、木の根による護岸工事はなにもこのアルプ川だけに限られたことでなく、昔からとられてきた手法である。古人の知恵を現代に蘇らせたところにアルプ川の自然回復工事の成功があった。

シュミット氏と川沿いの道を上流に向かって歩いて行くと、ジョギングに汗を流す婦人、犬を連れて散歩する家族連れ、サイクリングを楽しむ若者たちとすれちがう。川沿いには、六・五キロメートルの快適なジョギング・サイクリングロードが整備されているのだ。

橋の袂までやって来ると、「かつてはこの小さなダムを使っていました」とシュミット氏がいった。そういえば、今も堰の跡らしきものが残っている。その昔、この堰の水で水車を回して製粉したり、水門を調節して川の水位を調整していたのだそうだ。

しかし、エコの視点から見たとき、この堰には問題が多かった。堰き止められた水の手前数キロメートルにわたって沈殿物が堆積し、次第に川底は浅く平らになってしまった。しかも、水の流れが止まってしまうため、水中の酸素が欠乏し、水中生物が死滅してしまったのだ。

そのため、一九九六年からはこの堰は常時解放されるようになった。ハンノキと柳による護岸工事と堰を撤廃した結果、今では、アルプ川で暮らす水中生物だけでも一四〇種類を越えるまでに回復した。この中には清い水にしか住まない鱒も含まれている。

さらにカモ、アヒル、白鳥、サギなどの鳥もたくさん生息するようになった。そのため、時々「カモに餌をあげないで下さい!」という看板を目にする。多くの人が鳥に餌をやるため、鳥が太ったり、病気になったりするだけでなく、本来の穏やかな気質を失って攻撃的になるからだそうだ。その上、餌と糞が川底にたまり、泥が栄養過多となって生物が住めなくなり、藻や浮き草も増え過ぎて水面を覆い、それまで生えていた睡蓮は枯れ、やがてはチョウやトンボも住めなくなってしまう。このように人間の餌が原因で、生態系を破壊してしまうことにもなりかねない。

高速道路上の公園

「この真下を高速道路が走っています」とのシュミット氏の言葉にハッとした。公園の地面の下を車がビュンビュン行き交っているとはとても思えない静けさだ。

アルプ川に隣接して走る高速道路上の公園は、長さ六〇〇メートルのトンネルの上をコンクリートで覆い、その上に一メートルほど盛った土の上にある。そこに草木を植えて、二〜三年で今の公

高速道路の土手の斜面。コンクリートの間の草が騒音を吸収

高速道路の上に建設した公園

園の形が整った。

通常、高速道路の防音対策としては道沿いに高い防音壁を作って音を遮断するのが一般的だが、ここには十分な幅がなかったことが公園建設のきっかけとなった。道路の側面の土手にも草木を植えて、自然の防音壁が作られている。植物が音を吸収するからだ。

また、公園には地面をくぼませて人工的に作った湿地帯があったり、草の生い茂る土手の斜面に石をたくさん並べた積み石のビオトープもある。この積み石は道路工事現場からの不要なアスファルトや建築廃材を再利用し、表面は比較的見栄えのよい石で覆っている。

この積み石の山はトカゲのほか、ネズミ、カエル、カブトムシの隠れ家になっている。トカゲは石の隙間に巣を作るが、卵は太陽に熱せられた石の上で温められてふ化するので、トカゲにとっては絶好のコンディションだ。

「でもここ三、四年、カブトムシの大量発生で困っています」とシュミット氏はいう。ドイツの法律では、カブトムシは殺してはいけない保護昆虫になっているとか。だが、実際のところ、カブトムシはカシやモミの木を食い荒らしてダメにする。防虫剤をまいて木を守ろうとしたが、それではかえって木も土も汚染してしまう。そこで考えたのが、カブトムシを餌にする昆虫ハンターのコウモリを保護することだった。

古い家の軒下に巣を作って住みつく習性のあるコウモリは、最近ではどこも新しい家に建て替えられたことで居場所を追われてしまっていた。そのこともカブトムシの異常発生に拍車をかけていた。

シュミット氏は「私は法律家ではないので」と前置きしながらも、時にはこのカブトムシのように現状の問題解決の妨げになる法律もあるのだと指摘する。エコは地理学、地学、生物学など様々な領域にまたがっているため判断も分かれるのだ。

またドイツはEU加盟国であるため、エコに関する政策も、まずEUの中央政府で決定された後、国、州、市へと諮られる。だが、ビオトープにとって地域性こそが重要であることを思うと、今後はこの政策決定のあり方が問題になってくるかも知れない。

問合せ先

♣カールスルーエ市環境保護課（Karlsruhe Umwelt und Arbeitsschutz）
Markgrefenstr. 14, 76124 Karlsruhe, Germany
Tel：+49-(0) 721-133 3121　　Fax：+49-(0) 721-133 3109
Umwelt-arbeitschutz@karlsruhe.de
http://www.karlsruhe.de/rathaus/buergerdienste/umwelt

第3章　廃棄物処理・リサイクル

11 アーティスティックなゴミ焼却場

オーストリア　ウィーン

音楽の都はさながら建築博物館

モーツァルト、ベートーヴェン、シューベルト、J・シュトラウス……、多くの偉大な音楽家を生み出した〝音楽の都ウィーン〟。

街の中心のリンクと呼ばれる環状道路には、オペラ座、王宮、国会議事堂をはじめ、壮麗な建物が建築博物館さながらに立ち並ぶ。これはひとえに、一九世紀末の帝国最後の皇帝フランツ・ヨーゼフによる新都市開発の賜物だという。

このウィーンの世紀末建築群の中で、ひときわ注目を集めているのが、ユニークでカラフルなフンデルトヴァッサーの現代建築である。

自然と共生するアーティスト

フンデルトヴァッサーは、〝ウィーンのガウディ〟と呼ばれるが、もともとはクリムト、シーレの流れを汲むウィーン幻想派に属する画家である。また彼は〝水の画家〟とも評され、時に激しく、時に緩やかにたゆたう水の流れを自在にキャンバスに表現した。フンデルトヴァッサーのフンデルトとは日本語で百、ヴァッサーとは水を意味する。彼の木版画集『七百水』には漢字で「百水」とサインしてある。

また、彼はよく赤や緑などの鮮烈な色を使って、渦巻き模様を描いた。渦巻きは、直線に対する拒絶を意味する。フンデルトヴァッサーは、直線を機械文明、現代合理主義の象徴とみなし、人間性を喪失した文明に警鐘を鳴らし続けた。

『フンデルトヴァッサー——五枚の皮膚を持った画家王』（ピエール・レスターニ著）によれば、彼は肉体のほか、衣服、家、社会、地球（大気）を、自己を取り巻く五つの皮膚と捉えていた。彼はストライプ柄の洋服をアイロンがけせずにしわしわのまま着たというが、第二の皮膚である「衣服」も、直線への抗議として着こなしたのである。

そして、第三の皮膚である「家」の中で有名なのが、一九八五年に一般市民の集合住宅として建設されたフンデルトヴァッサーハウスだ。この建物の外観の特徴は、赤、白、青などの陽気な色使いと、直線を嫌う曲線、それとアラビア風の教会に似た金ピカの玉ネギ型の塔を持つところにある。また、建物の屋上には芝生や数百本の木々が鬱蒼と生い茂り、ベランダからもたくさんの樹木が飛び出している。

すでに一九七三年、フンデルトヴァッサーは、「人間はすべての創造物と共生しなければならない」という思想を唱え、エコロジーの共生・リサイクルの観点から、屋上やベランダに芝生や木々を植える「借家木」構想を発表している。日本では、ようやく最近になって都会のビルの緑化を進めるヒートアイランド構想が話題になってきたが、類似の原点は彼に見ることができる。

さらにフンデルトヴァッサーが提案し、実践したものに「腐植式汲み取りトイレ」がある。彼が理想とした家は、汲み取り式トイレの腐植土を使って屋根の木々や芝生に栄養を与え、その植物がたくわえた雨水を再利用するエコハウスだった。その雨水の浄化装置とは、何段もの階段状の容器に種類の異なる植物を植え、植物がその適性に従って、順々に雨水をよりきれいに濾過してゆく仕組みだった。

また、この集合住宅の近くには、クンストハウストと呼ばれる美術館があり、建物の二、三階にフンデルトヴァッサーの作品が展示され、離れにカフェがある。館内の床も平坦ではなく、大地のように起伏があり、タイルの形も色もさまざまで、あえて統一性を排除している。

だが、フンデルトヴァッサーの作品の中で、最も奇抜なのがゴミ焼却場である。

夢のごみ焼却場を訪ねて

フンデルトヴァッサーがデザインしたゴミ焼却場は、地下鉄U4のシュピッテラウ（Spittelau）駅の目の前にドーンと立っている。ウィーンの中心から多少、離れているとはいえ、それでも十分街中にある。ゴミ焼却場ができる以前は、近隣住民から不安な声もあがったが、嫌な臭いはもちろん、ゴミ焼却場特有の暗い雰囲気もない。しかも、最新技術により安全性が保証されているため、今ではすっかり市民の不安も解消されている。

フンデルトヴァッサー・ゴミ焼却場

フンデルトヴァッサー・ゴミ焼却場オフィス。ここから内部が見学できる

ゴミ焼却場は、土日と木曜日を除いて、毎日、一般公開されているため、多くの子どもたちや学生が見学に訪れる。この日、案内してくれたシャウエル氏は派手めのメガネをかけた、ユニークな方だったので、開口一番「あなたも芸術家ですか」と、思わず質問してしまったほどだ。

一九六九年ウィーン市議会は、ここにゴミ焼却場の建設を決定したが、フンデルトヴァッサーの建築を取り入れたのは一九八七年のことだった。

ここに技術とエコと芸術が一体となり、ゴミ焼却場というイメージを一八〇度転換することに成功した。「空気や水の汚染より、感覚や頭脳の汚染と戦うことの方がはるかに重要なのだ」とはフンデルトヴァッサーの言葉である。

二〇〇一年四月には大阪にもフンデルトヴァッサーのゴミ焼却場（舞洲工場）が建設されて話題を呼んでいる。

ウィーン市内にはゴミ焼却場が全部で十ヶ所あり、年間で合計二五〇〇メガワット時までのエネルギーを作り出すことが可能である。この熱エネルギーは室内暖房と温水に利用され、合計九〇〇キロメートルのパイプラインを通って、約二〇万軒の家屋と四四〇〇の社屋に送られる。これは一万五〇〇〇平方メートルの空間を暖房するのに等しいという。

このゴミ焼却場は、市内では二番目の規模で、年間約二五万トンのゴミから六〇メガワット時のエネルギーを供給しているが、あと五台のガス・石油用のボイラーを使えば、四六〇メガワット時までのエネルギーが供給可能である。

オーストリアでは、一般のゴミ、バイオゴミ、透明なガラス、色つきガラス、古紙、缶などのメタル、プラスチックなど、ゴミの種類ごとにゴミ箱が設置され、分別して捨てるようになっている。そのうち、一般のゴミと危険性のない商業廃棄物は、二五〇台のゴミ収集車によって、平日の朝七時~午後三時までの間にここへ運び込まれる。

まず、ゴミはガラス張りの七〇〇〇立方メートルの大型ゴミピットに収められ、二つの大型クレーンがゴミを焼却炉へと送る。焼却炉では、九メガワット時のガスバーナーを使い、八〇〇度の高熱で毎時一八トンのゴミが焼却される。高熱で焼却するため、ダイオキシン等の排ガスの発生がかなり抑制される。同時にゴミピットの悪臭を含んだ空気が焼却炉に送られるため、悪臭も減少する。

焼却炉で発生する高温の蒸気は、三三バールの飽和状態の熱エネルギーとなり、まず四・五バールまで減圧してゴミ焼却場に必要な電気を作るタービンへ送った後、一般の暖房・温水用のパイプ

焼却場内のトイレもフンデルトヴァッサー様式

焼却場内を案内してくれたシャウエル氏

ラインに供給される。燃え尽きなかったゴミの残りかすは冷却された後、選別機にかけられて鉄とアルミが除去され、リサイクルされる。

さらにふるいにかけて細かくし、水と石灰等を入れて掻きまわし、沈殿・分解した後、〝フィルターケーキ〟と呼ばれる泥状の塊にする。この塊はセメントに混ぜたり、建設・埋め立て用に利用される。沈殿・分解された排水は、最終段階でPhその他を入念にチェックした後、飲み水に近い状態までに再生され、ドナウ川に流される。

最先端の排ガス処理

さて、シュピッテラウ・ゴミ焼却場が世界に誇るのが、最先端の技術を駆使した排ガス処理施設である。操業当時から効果的な排ガスシステムを備えていたが、一九八六年に濾過式集塵器、その後一九八九年に窒素酸化物とダイオキシンの分解装置を導入した。

はじめに八〇〇度の燃焼ガスは、一八〇度に冷却され、濾過式集塵器で煤塵が除去される。次に燃焼ガスは、冷却機で六〇～六五度に下げられ、第一ガス洗浄塔で煤塵のほか、塩化水素（HCL）とフッ化水素（HF）が九八パーセントまで取り除かれる。さらに第二ガス洗浄塔では、同様に九八パーセントのイオウ酸化物（SO²）が除去される。

だが、世界で最も環境に優しいゴミ処理場と言われる所以は、廃煙脱窒触媒担体（SCR‐DeNOx）を使った最終処理行程にある。すなわち、燃焼ガスにアンモニア水を加えて二八〇度まで加熱すると、窒素酸化物は、アンモニアと酸素に反応して窒素と蒸気となり、同様に九五パーセントものダイオキシンが分解される。最終的に燃焼ガスは再び一一五度まで降温され、一二六メートルの煙突から放出される。

ちなみに、シュピッテラウ・ゴミ焼却場のゴミ一トンからは、一八〇〇キロワット時の熱エネルギー、三二キロワット時の電力、二一八キログラムの燃えかす・石膏、二四キログラムの鉄くず、一八キログラムの灰、〇・九キログラムのフィルターケーキ、四四九キログラムの水、五六〇〇立方メートルの浄化ガスができる。

最後にシャウエル氏が管理室に案内してくれた。ゴミ焼却場はコンピューター制御で二四時間フル回転し、この建物で常時働くのはたったの八人だという。

「ここでは機械に人間が職を奪われています」というシャウエル氏の言葉は、フンデルトヴァッサーの思想とは対照的だが、とても重みがあった。

二〇〇〇年二月一九日、フンデルトヴァッサーは心臓発作のため、洋上（クイーン・エリザベス二世号）で亡くなった。常に時代の先を見通していた芸術家は、生前の願いにより、美しい自然に囲まれたニュージーランドで静かに眠っている。

問合せ先

♣シュピッテラウ・ゴミ焼却場（The Spittelau Thermal Waste Treatment Plant）
Heiligenstadter Lande, A–1090 Vienna

・ガイドツアー申し込み先　Tel：+43-(1)-31326-2704, 2705, 2710

♣大阪市環境局舞洲工場
〒554-0041 大阪市此花区北港白津1-2-48
Tel：06-6463-4153　　Fax：06-6463-7101

12 環境浄化に貢献する最先端技術

オランダ　ズーテルメール

オランダ人が創った国土

オランダ人はよく、「世界は神が創り賜うたが、オランダはオランダ人が創った国」だと自慢そうに話す。

一六〇〇万人が暮らす九州ほどの狭い国土のうち、その四分の一は、海水をせっせと汲み出し、堤防を築いて造ったポルダーと呼ばれる干拓地だ。そのため今も、オランダの六〇パーセントの人々は海よりも低い土地で暮らしている。

世界でも高い人口密度をもつオランダは、牛や豚などの家畜の密度も高い集約的酪農国。同時にシェル、フィリップス、アクゾ・ノーベル、DMSなどの多国籍企業を有する工業国でもある。

国土をとりまく厳しい自然との闘いと技術力を生かして、ここ二〇数年、オランダでは世界最先端のテクノロジーを誇る環境関連企業が育っている。その発展に尽くしてきたvlm（オランダ環境機器・技術工業会）の功績は大きい。

ｖｌｍの目的と使命

ｖｌｍの本部は、アムステルダムから七〇キロメートルほど離れたズーテルメールという小さな町にある。オフィスを訪ねると、「ここで事務を執っているのは、私と秘書のふたりだけなんです」そういって忙しそうにキビキビと働いているのはシュパンケレンさんだ。

まずｖｌｍの歴史と役割について話してもらった。ｖｌｍは一九八三年に設立され、現在、一〇〇をこえる環境関連企業が所属する。シュパンケレンさんが勤務しはじめた頃は、まだ四二社だったが、この五年で倍増し、今後も増加傾向にある。

ｖｌｍが扱っているのは水、廃棄物、土壌、大気、再生可能エネルギーの五つの分野で、その目的と使命は次の六つからなる。

①国内外にオランダの環境技術の市場を拡大。
②適時、研究とプログラム開発に参加させることで、オランダの環境技術を促進。
③新たな方向性や技術開発について会員に知らせる。
④ノウハウや企業の経験を会員に知らせる。
⑤話題となっている環境上の事柄について見解を述べる。
⑥ヨーロッパのガイドラインに影響力をもつＥＵＣＥＴＳＡ（環境技術供給協会）に参加する。

このほか毎月機関紙を発行したり、年二回の総会で活動報告をしたり、各省や大使館を通して新技術を紹介したり、外国でカンファレンスを開いたりと、活動は幅広い。

土壌浄化システムの開発に成功

一九八一年、ロッテルダム近郊のレッカーケルン市に新設された公団住宅が化学物質で汚染されていることがわかり、大きな社会問題となった。かつてここに化学廃棄物が投棄されていたことが原因だった。この事件をきっかけに、汚染された宅地が至るところで発見され、国内に環境技術を扱う会社が続々と起業され、オランダは革新的な環境技術大国への道を歩み始める。

そのうちの一つ、ホーランド・ミリウテクニク社は、世界に先駆けて電気を使った最先端の土壌浄化システムの開発に成功。

まず、直流電流によるエレクトロレクラメーションは、地面にプラスとマイナスの電極を差し込むことで、プラスに荷電した粒子がマイナスの電極へ、逆にマイナスに荷電した粒子がプラスの電極に移動する。この流れにより、地下水から重金属やシアン化物を地表に浮き上がらせることができる。

他方、交流電流を使ったエレクトロバイオクラメーションは、主にガソリンなどの炭化水素で汚染された土壌に有効だ。交流電流で四〇度まで暖められた土壌にフィルタを挿入し、地下水の移動を抑えながら汚染物質を取り除く。同時に、地表下の汚染された空気もポンプで吸引する。この方法によれば、汚染された土壌は掘りおこすことなく浄化できる。

その後一九九七年、ヘーレン市ではベンゼンの漏出によって二万七〇〇〇平方メートルの土壌と地下水が汚染されていることが判明。この処理のため抜擢されたのが、テレコ社のピュリソイル土壌浄化法だった。

このシステムにより、汚染された三二メートルの地層に直径二センチのパイプが一〇〇〇本ほど通され、ここに合計六〇〇〇万立方メートルの圧縮空気が少しずつ注入された。空気は汚染物質を運んで上昇しながら、やがて数百トンのベンゼンは水とCO_2に分解された。

二〇〇三年、日本では都市部の工場跡地の再開発をはかって、土壌汚染対策法が施行された。法制化に先だって、清水建設ではA&Gミリウテクニク（親会社エー・ヴィ・アール）の汚染土壌洗浄プラントMPRを導入。MPR機は重金属や油による土壌汚染に適しており、泥水化した土壌をサイクロン分離機で粒子を分別した後、界面活性剤を使って洗浄するものだ。

この機械によって、これまで一トン当たり二～三万円だった処理費用が四〇～五〇パーセントも削減された。さらに従来一万トンの土壌を浄化するのに三ヶ月ほどかかっていたものが、一ヶ月に短縮された。

年間八〇パーセント以上のガラスボトルがリサイクル

オランダの廃棄物処理方法は、リサイクル（七七パーセント）、焼却処理・エネルギー生産（一二パーセント）、埋め立て（九パーセント）、環境中に排出（二パーセント）といった内訳だ。

国内六七九社の廃棄物処理業者の総売上高は四六〇億ユーロ（七兆六八二〇億円）で、このうち焼却・埋め立て処理を行う上位五社が全体の四〇パーセントを占めている（二〇〇三年調査）。リサイクルを扱うのは、むしろ小規模業者の仕事だ。

またオランダでは、年間八〇パーセント以上のガラスボトルがリサイクルされ、その量は優に四億キログラムをこえる。これは欧州第五位のリサイクル率である。一九八一年、ガラスリサイクル財団が設立された当初の回収率は二七パーセントであったというから、この二五年でかなり市民の環境への意識は向上した。

現在、オランダの都市部の住民は、ゴミの量に応じた負担金の拠出を強いられている。そのため市民は、できるだけ家庭からゴミを出さないような工夫をしている。

アイディーキャン・アンド・マニュファクチャリング・テクニカル・アセンブリーズ社の「リ・ヴェンダー」は、そんな市民の要望に応えて開発された機械だ。

リ・ヴェンダーはスーパーマーケットに設置され、牛乳やジュースパック、洗剤やシャンプーな

可動式選別自動車ネプトゥヌス

ルーボ・スクリーニング＆リサイクリング・システムＢＶ社の建築解体処理現場

住宅地の汚染土壌処理の様子
（＊写真協力：vlm）

どのプラスチック容器のバーコードを読み取った後に断裁し、素材ごとに分類・保管する。さらに買い物客は、ゴミを処分した上、ポイントがもらえ、景品に交換できるシステムだ。ちなみに、リ・ヴェンダーが一キログラムのプラスチックを断裁すると、六キログラムのCO_2が削減されることになる。

また、オランダでは紙の再利用も進み、七七パーセントがリサイクルされている。これに大きく貢献しているのがボレグラーフ社で、ここではダンボールから紙を自動的に引き剝がすペーパースパイクという機械を製造している。

これは機械に設置された太い針（スパイク）がダンボールを貫通するとき、厚いボールは針に突き刺さったまま残り、薄い紙は落下することで分離される。

同様に、ルーボ・スクリーニング&リサイクリング・システムBV社はダンボール用・古新聞用・ガラス粉砕用スクリーン機のほか、ネプトゥヌスという可動式選別自動車を製造している。同社では、処理する廃棄物の種類によって、スクリーン技術に加えて水槽分離、風力分離、光学選別、金属検出などの高度な技術を導入。このため、建設・解体廃棄物、産業廃棄物、乾燥固形廃棄物のほか、ガラス、木材、土砂、汚泥、堆肥、焼却炉のスラグに至るまで、様々な廃棄物の処分が可能となった。

トイレの排水を発酵、バイオガスに

オランダは、ライン川、マース川、スヘルデ川が流れ込む三角州に位置する。すでに八〇年代から川の汚染が顕著となり、魚の奇形も見つかるようになった。服用した避妊用のピルや薬品が人体から排泄され、汚水として川に流入したこともその原因とされる。

その後、水に関する企業が増加。現在、国内二二二社の年間の売上高は約九〇億ユーロ（一兆五〇三〇億円）で、このうち水処理については二九億ユーロ（四八四三億円）である。

この分野で、非常にユニークな業務を手がけているのがランダストリー・スニーク社だ。同社は、トイレの排水〝ブラックウォーター〟とお風呂・洗濯・台所の排水〝グレイ・ウォーター〟を分離して処理するシステムを稼動。再処理の難しい〝ブラックウォーター〟は発酵させてバイオガスを作り、電気とお湯の供給に利用し、残りの汚泥までも肥料にするという徹底ぶりだ。

また、ナイハウス・ウォーター・テクノロジー社では、南米チリの養豚所の依頼で豚の糞尿から水を抽出し、その水をブドウ畑の灌漑に利用する装置を実用化した。

このほか、パックス社はバクテリアを使って、汚水からアンモニアを除去する持続可能な技術を共同開発。二〇〇五年の愛知万博では、同社を含むｖｌｍに所属する三社が、「愛・地球賞」の栄誉に輝いた。

モットーは「行動あるのみ」

ここ数年、ｖｌｍはロシア、インド、中国、ブラジルにも積極的に進出を果たしている。

シュパンケレンさんは中国とインドの人々がより多くの石油を消費しはじめれば、たちまち石油不足を招いてしまう恐れがあると指摘した上で、「経済発展を理由に環境破壊を招くことは、もはや許されません」という。

いよいよ二〇〇八年からはハンガリー、チェコ、スロベニアなど、旧東欧へも進出を果たした。たとえば、ポーランドはEUに加盟したものの、国土が広く人口密度が低いため、ゴミ処理は埋め立てに依存し、現在たった一つの焼却プラントが稼動しているだけだ。そのためEUに新加盟した旧東欧諸国は、大きなマーケットなのだ。

「私のモットーは、行動あるのみです」。vlmの世界最先端の環境テクノロジーと女史の行動力で、汚染された地球は必ずや癒されてゆくだろう。

問合せ先

♣vlm（Vereniging van Leveranciers van Milieuapparatuur en-technieken）
Boerhaavelaan 40, Postbus 190, 2700 AD Zoetermeer, The Netherlans
Tel：+31-(0)-79-3531285　　Fax：+31-(0)-79-3531365
vlm@fme.nl　www.vlm.fme.nl

♣vlm Japan（オランダ環境機器・技術工業会）
www.environment.madeinholland.jp

13 イタリアで流行のアフリカン・エコグッズ

イタリア　トリノ

デザイン王国イタリア

ファッションとデザインの国イタリア。とりわけミラノを中心とする北イタリアは、欧米はもとより、日本、世界に向けて流行を発信し続けている。

グッチ、ベネトン、トラサルディー、ヴェルサーチなど、多くの女性が憧れる有名ファッションデザイナーブランド。また、ジウジアーロやミケロッティなど、イタリアン・カーデザイナーの設計する奇抜で洗練された自動車のフォルムには、目を見張るものがある。

また、有名ブランドに限らず、小さな店先に並ぶ一般の商品から一本の鉛筆に至るまで、イタリアのデザインにはどこか心ひかれるものがある。そう言ったら、少し誉めすぎだろうか。それもひとえにイタリア人の〝美〟に対する感覚が優れているからだろうと思われる。

今、そんなデザイン王国イタリアで、「ラジオ・アフリカ」という会社が手がけるアフリカ人の手作りエコグッズが好評を博している。

アフリカ生まれの廃棄物エコグッズ

ラジオ・アフリカは、ミラノから西に一〇〇キロメートルほど離れたトリノ市郊外にある。トリノは昔から有名な工業地帯で、イタリアを代表する自動車メーカーのフィアットもここにある。また、トリノ市はフランス・スイスと国境を接するピエモンテ州の州都で、晴れた日にはアルプス山脈が見渡せる景勝の地である。二〇〇六年のトリノ冬季オリンピックも記憶に新しい。

さて、ラジオ・アフリカに取材のアポイントを入れたとき、開口一番「どうやって、うちのことを知りましたか?」といささか驚いた風だった。というのも、ラジオ・アフリカは、当時まだ設立されたばかりで、社長のザケッティ氏を含め四人の従業員からなる、若い会社だったからだ。

しかしながら、すでに「エル」「マリ・クレール」「フレア」「フォーカス」「グラムール」など、たくさんのイタリア語の女性誌やエコ雑誌で紹介されている。

設立まもない小さな会社が脚光を浴びているわけは、環境にはなじみの薄いアフリカ大陸をターゲットにしたビジネス理念にある。南アフリカ共和国を中心に、モザンビーク、ジンバブエで捨てられたゴミや廃棄物をリサイクルして、現地のアフリカ人が手作りしたエコグッズを輸入販売しているのである。

もともとザケッティ氏は、広大なアフリカ大陸が好きでときどき旅行に出かけていた。あるとき南アで見つけたのが、ビニール製の色鮮やかなニワトリの置物だった。なんとその材料は、街で拾ったビニール袋だったのだ。

ザケッティ氏は、そのとき一〇個のニワトリを持ち帰って、試しにイタリアの自分の店に置いてみた。そのニワトリが評判であっというまに売れ切れたのが、このビジネスをはじめるきっかけとなった。

今では、トリノ、ミラノ、ベネツィアなどイタリア国内約一〇〇軒の店舗のほか、ドイツ、オランダ、スイスにもこの置物を卸すまでになった。

ラジオ・アフリカのオフィスには、様々なエコグッズがところ狭しと並んでいる。ザケッティ氏にお気に入りのエコグッズを尋ねてみると、やはり社名にもなっている「エコデザイン・ラジオ」だとのこと。

ラジオの受信機は別として、それ以外のワイヤーの部分は廃棄物を再利用し、デザインのアクセントになっているコーラやジュースの缶は路上で回収したものだ。ちなみにラジオの価格は七五ユーロ（一万二五二五円）。

同様に、空き缶を材料として作った商品に「アルミ製のアタッシュケース」がある。アルミ缶を平たくつぶして四角い箱にして、取っ手をつけただけのシンプルなカバンだ。あまり実用的とはいえないが、そのユニークさが非常に若者にうけている。

ワイヤーで作った鳥かごのような入れ物に、ビン入りジュースのキャップをたくさん並べて作ったバッグ（五五ユーロ／九一八五円）も面白い。このバッグの中に、やはり空き缶から作ったアルミ製の花が数本さしてあるのは、いかにもおしゃれでイタリア的だ。

紙を材料に使った商品には、半球状の小物入れがある。黄色い図柄のデザインは、マッチのパッ

廃棄されたビニール袋で作ったニワトリの置物

廃棄されたビニール袋で作った幸運の赤いブタ

社名にもなっている廃棄物で作ったラジオ

社長のザケッティ氏とモレーナさん

ケージを張り合わせたもので、赤い図柄は鮪《まぐろ》の缶詰に張ってあったラベルだ。

また、古いビニール袋を使った商品にはニワトリのほか、若い女性用のハンドバッグがある。カラフルなビニール製のこのバッグは、夏のバカンスシーズン、海水浴に出かけるのに最適だ。

昨年のクリスマスには、緑のビニール袋から作ったクリスマスツリーがヒットした。モンキーボールと呼ばれる直径五～六センチの木の実に彫刻して模様をつけた商品も、クリスマスツリーのデコレーション用グッズとして喜ばれた。

このほか、木製のエコ商品には、アカーチャと呼ばれる植物を竹細工のように編んだ椅子、傘立て、オブジェがある。

近年、アフリカのコンゴなどでは、イタリアやフランスの製材工場が進出し、森林伐採が深刻な環境問題になっている。しかし、この会社が使うアカーチャという植物は、乾燥した土地に生えながら、水をたくさん吸収するため、水が貴重なアフリカではむしろ伐採する必要がある植物なのだそうだ。

ふと、床に敷かれたシマウマの敷物に目をやるのがわかると、ザケッティ氏は「これは死んでいたシマウマの皮を再利用したものです」といった。

すでに死んでしまった動物か、その種類の動物が増えすぎて生態系に悪影響を及ぼすため、ハンティングが奨励されている動物以外の毛皮は輸入しないということだ。

支援とエコロジーからアートの世界へ

南アでは、一九九一年にアパルトヘイトが廃止され、一九九九年からマンデラ元大統領の後を継いだムベキ大統領が貧困撲滅、黒人の地位向上を掲げる政策を実施している。だが依然、失業率は三〇パーセントを越えたままで、人口約四三〇〇万人のうち半数は月収六〇〇〇円以下の最貧困層に属す。今もなお多くの人々は電気も水もない生活を強いられている。

ラジオ・アフリカのエコグッズを作っているのは、まさにそういった人々だ。彼らは、白人が立ち入らないような地域にバラック暮らしをし、主に男性がワイヤーや木製の商品を請け負い、女性がビニールや紙製の商品を作っている。

また、マッチや缶詰のラベルを再利用した紙製の小物入れは、現地のNGOなどが組織してエイズ患者が製作し、仕事料のほかにもその収入の一部を援助に充てている。

二〇〇五年末に、エイズウィルス感染者は四〇〇〇万人を突破。このうちサハラ砂漠以南のアフリカ諸国が六割を占める。また、二〇〇七年末の調査では、南アには五五〇万人の感染者がおり、十年後には八〇〇万人を越えると予想されている。さらに、二〇一〇年にはエイズによる死亡者の増加で、ボツワナ、ナミビア、ジンバブエなどでは、平均寿命が三〇歳くらいの短命になるとも推測されている。

ザケッティ氏はエイズの深刻な被害を憂いて、アフリカの領事館にも支援を願い出たことがあった。紙製の小物入れには、その商品がエイズを支援していることを表わす赤いリボンをつけた。だが、逆に支援を装って利益を得ようとしているのではないかと中傷され、リボンは外したのだった。

エコ商品の企画に当たっては、アフリカらしい商品にするため、自由な発想でまず好きなモノを作らせてみる。その上でデザインや色などの細かな点を会社から要請する。しかし、客のニーズに合わせて作りたくても、働く側に合わせて作らざるを得ないというのが実情だ。

例えば、ニワトリについては一五人で作っているが、決められた納期に決まった数を納めるというわけにはいかない。現地にはコンピューターはもちろん、ＦＡＸも電話もないところがほとんどだというから、いかにこの仕事が難しいか想像できよう。

また、「リサイクルする材料には限界があります」とザケッティ氏はいう。ゴミや廃棄物をリサイクルするエコグッズは、クリーンな環境作り、貧困者の自立援助、エイズ支援とはなっても、仕事の性質上、大量生産にはなじまない。

例えば、定価一二ユーロ（約二〇〇四円）のニワトリ（小）の置物は年間一万個程売れても、目だった利益は出ないということだ。

にもかかわらず、ザケッティ氏がこの仕事に大きな生き甲斐を感じるのは、貧しい人々が目を輝かせてモノを作る喜びを語り、自立してゆく姿を目の当たりにできるからだ。

一方、この商品を手にする側は、アフリカ支援やエコロジーに対する理解に加え、商品のもつユニークさ・芸術性も大きな購入理由となっている。事実、このニワトリは芸術的にも優れているとの高い評価を受け、アメリカメイン州にあるクラフトミューゼアムに展示されている。

「日本の人にも、このニワトリがわかってもらえるでしょうか？」

これまでミラノやフィレンツェの見本市に出展してきたが、「さらなる販路拡大を目指して、パリや日本の環境見本市にもぜひ出展してみたい」とザケッティ氏は意欲を見せる。

問合せ先

♣RADIOAFRICA s.r.l.
Via Monviso, 31–Franz. Gerbole–10040 Volvera（TO）, Italy
Tel：+39–011–9859163　Fax：+39–011–9859144
info@radioafrica.it
www.radioafrica.it

14

廃棄物に生命を吹き込む

オランダ　アムステルダム

寛大な人権大国

ゆっくり風車がまわり始めると、そよ風に真っ赤なチューリップの群がなびく。跳ね橋が静かに上がり、運河を音もなく船が滑ってゆく。今もオランダには、J・ライスダールが描いた風景画のような世界がそっくりそのまま残っている。

他方、この国では大麻の使用や売春経営が刑法犯罪から除外されるなど、ヨーロッパの中でも寛大すぎるほど自由が認められる国として知られている。それは社会に危害を加えない限り、最大限に個人の選択の自由を認めようという国家の在り方によるものだ。

また、オランダは、同性結婚と安楽死を世界に先駆けて合法化した人権大国でもある。そういったお国柄ゆえ、一般に環境に対する意識も非常に高い。

エコファッションの哲学

そんな人権大国から世界に向けて流行のエコファッションを発信しているのが、ファッションデザイナーであり、環境・人権活動家でもあるフランス人のカテル・ゲレバートさんだ。

一九九八年一一月、カテルさんは廃棄素材を使って、自らデザイン製作した洋服、バッグ、アクセサリー、文房具などを販売するエコファッション専門店をアムステルダムに構えた。ここで販売される商品には、「アート・デコ」の商標がついている。このおしゃれなネーミングには、アート＋エコという意味が込められている。

「デザインとは、環境にダメージを与えるもの」と彼女はそう断言する。新しいモノを生産すること、デザインすること自体が環境破壊につながるというのである。

また、カテルさんは自分の作品に触れて、人々が毎日どんなものを買っているのか考え、新しい材料を生産せずにモノを創り出すことを、自ら試みる手助けになってくれればと願う。

「ファッションは、道徳的で環境に適ったもの。楽しく、新しくあるべき」というのが彼女の主張でもある。そんなカテルさんの作品を見た人々は、決まって最初は変わった素材が意外なところに使われている奇抜なアイディアに驚く。次にデザインだけでなく機能的にもよくできていること、そういったものが、これまでの人生において一度も見たことがなかったという反応を示すのだという。

同時に彼女は、この仕事をビジネスとしても捉えている。だが、彼女は「エコファッションはぎりぎりの切羽つまった仕事でも、将来育ちゆくばら色のユートピアのようなものでもありません」と冷静に分析する。

なぜならエコファッションは、本来、他のファッション業界とはもともと性質が異なるからだ。廃棄素材には限界があるため、工場に廃棄処分用の布をまとめて三〇〇メートル注文するなどということは、到底不可能な話だ。そのためカテルさんは廃棄素材を探すため、常に思索し、アンテナを張りめぐらせてきた。エコファッションにとって、素材の収集はじつに骨の折れる労作業なのだ。

またカテルさんは、廃棄素材をリユースしてファッションを創り出す過程においても、無駄を省くよう細心の注意を怠らない。廃棄物を再利用する過程で高いエネルギーを消費したり、逆に新たな廃棄物を産み出してしまうことは避けなければならないからだ。そのため、廃棄素材の中から効果的に利用できるものだけを慎重に選び出し、リユースするよう心がけている。

「新しい材料を使わず、新しい廃棄物を出さずにデザインと廃棄素材を組み合わせる」。これがエコファッションにおけるカテルさんの基本的な哲学なのだ。

感性はこうして磨かれた

そういったカテルさんのエコファッションデザイナーとしての素養は、すでに子どもの頃から家庭の中で培われたものだった。彼女は物心つくと、ダンボール箱や布の切れ端といった身の回りの不要なものを使って、人形のベッドや〝テディベア〟に着せる服など、いつも何かを創り出していたという。カテルさんに限らず、兄弟姉妹もみな同様に育ったところをみると、それは子どもたちの服を全部自分の手で縫ってくれたお母さんの教育に行きつくのかも知れない。

そんな環境に育った彼女は高校を卒業すると、パリのルーブル美術館内にあるエコール・ド・ルーブルで美術史を学ぶことを決意する。同時にソルボンヌ大学でデンマーク語を学び、修士号を取得した。

在学中、「ロビンフッド」という草の根の団体に所属し、環境問題や人権問題に真正面から取り組んだ。ここで森林伐採、廃棄物処理、危険物の運搬、原子力発電などについて学びながら啓蒙活動に明け暮れた。やがてこの活動の中で、環境というテーマと、廃棄物をリユースしてモノを創作するという芸術活動がひとつに重なった。

「その頃から、リサイクルは地球資源を守る有益な考えというだけでなく、とてもファッショナブルなものだと思えるようになりました」と彼女は振り返る。また、リサイクルの必要性を綴った長いレポートを書いて人々の環境意識を啓発するより、日常生活に有益なモノを創って示した方がむしろ効果的かも知れない、と考えるようになった。

その後、仏語・英語の通訳になるためデンマークに渡った。そこでも原子力発電に反対する団体に所属し、風力発電をはじめとする自然エネルギーについて深く学ぶ機会を得た。この団体が彼女をウクライナの原発被爆者を支援するグループに派遣したことで、その後の人生の転機を迎える。

このNGOの拠点がオランダにあったことでときどき本部を訪ねた彼女は、アースインターナショナル、グリンピース、WISEなど、多くの人権団体がオランダにあったことにも惹かれ、アムステルダムに移ることになった。

廃棄素材に新たな生命を吹き込む

廃棄素材を使ったカテルさんのエコファッションへのアイデアは無尽蔵だ。彼女には、廃棄素材に新しい第二の生命を吹きこむ天性の才能がある。

例えば、要らなくなったカーテンを素材にデザインしたスプリングコート。この涼しげなコートが、少し前までちょっと色あせて窓にかかっていたとはとても思えない。

古いTシャツに余り布で花びら模様をあしらうと、おしゃれな外出用のTシャツに変身。型遅れになった数本のネクタイを縦に並べて縫った奇抜なタンクトップは、カテルさんの最もお気に入りの作品だ。

また、着られなくなった古い数枚のセーターの一部を上手に組み合わせて、カラフルな新作の一枚のワンピースを創り出す。

面白い素材を使ったものには、ウクライナ軍から払い下げてもらったという丈夫な毛布をリユースした冬物のロングコートがある。赤いラインと赤い襟が決め手で、とてもファッショナブルに仕上がっている。ウクライナ兵が厳しい冬を乗りきった毛布だからこそ、アクティヴに着こなせそうだ。

同様に空軍が使ったパラシュートを素材にしたバッグとパンツは、破れにくいしっかりした商品。このほか、ヨットのマストや郵便局で使う麻製の大きなズタ袋までが、彼女の魔法にかかると粋なパンツに生まれ変わる。また、カテルさんの目にはコマーシャル用の大きな旗さえも、エコファッションの素材に見えてしまう。旗は、魅力的で大胆なカクテルドレスに仕立てられる。

最近では、インドの深遠な思想と文化に魅せられて、伝統的なサリーと古いセーターを組み合わせた独創性光るワンピースをデザインした。

これまで彼女が手がけた作品は数えきれないほどあるが、最も人気のある商品はエコノートだとか。用紙は印刷所から譲り受けた不要な紙を使い、表紙の素材にはCD、フロッピーディスク、レコードのほか、なんとレントゲン写真まで利用してしまう。また、車のタイヤからチューブを引っ張り出してリユースした、財布やベルトもヒット商品だ。

世界を見つめるエコファション

現在、カテルさんはウクライナ東部のクハルコヴという町にワークショップを開いている。時々停電に悩まされ、おまけにミシンは年代もので、労働条件は非常に厳しい。それでもみんな不平もこぼさず、一生懸命働いている。

「この辺りは、環境的には危険地帯以外のなにものでもありません。でも、私は自分の身をそこに置くことで、そこで暮らす人々が決して地球上で忘れ去られた存在ではないということを知ってもらいたいのです」と彼女はいう。

また、彼女は、ウクライナのチェルノブイリ原発事故の生存者が中心となって設立した「フォース・ブロック」という団体の外国人理事も務めている。この団体は、チェルノブイリの原発事故を風化させないようクハルコヴに博物館を開き、三年ごとに国際アートグラフィックコンテストを開催している。カテルさんは、ここに自分の作品を展示することで、人々に環境問題を問いかける。

レコード・CD・ディスケットをカバーにしたノート

古いネクタイで作ったスカート

船のマストで作ったワンピース

古い3枚のセーターから，1枚のカラフルな新しいセーターが（＊写真協力：アート・デコ）

また、一九九九年にオランダのアムステルダムを手始めに、クハルコヴ、パリ、京都、プラハ、バルセロナ、そして大きな可能性を信じている憧れのインドでも、意欲的にリサイクル・ファッションショーを開催してきた。

この一〇年間、エコファッションを創造し続けてきたカテルさんだが、今後は日本をはじめ、世界のワークショップで子どもたち、学生、デザイナーのためにもっと自分の経験を伝えてゆきたいと抱負を語る。

「リサイクルは、新たなチャンス、新たな生命、経済的にも芸術的にも新たな価値を与えます。世界を向上させる有益でポジティヴな道なのです」。カテルさんの挑戦は続く。

問合せ先

♣ART D'ECO
katell@artdecodesign.com
www.artdecodesign.com
♣日本での取扱い先　サパ・トレーディング
sapatrading@yahoo.com

第4章 食

Slow Food
Master Italian Cooking
ITAL. COOK.
Scuola delle Cucine Regionali d'Italia

15

食のルネサンス〝スローフード〟

イタリア　イエージ

スローフードの目指すもの

ここ数年、ヨーロッパでもスローフードという言葉があちこちで聞かれるようになった。日本にもいくつかスローフード協会ができたが、この言葉のもつ意味が、十分、浸透するまでには至っていない。

そこでスローフードの三原則を紹介すると、スローフード運動のアウトラインが少しずつ見えてくる。すなわち、

①消えつつある郷土料理や質の高い小生産の食品やワイン（酒類）を守る
②質の高い素材を提供してくれる小生産者を守る
③子供たちを含めた消費者全体に味の教育を進めてゆく

というのが協会の目的だ。

日々あわただしい生活に追われる現代人は、いつの頃かファストフード、インスタント・冷凍食

品、出来合いのお惣菜などが氾濫する食生活にどっぷり浸かってしまった。不健全な食生活が生み出すストレスが、アレルギーや生活習慣病を引き起こし、また微妙な深い味わいを理解できない味覚障害の人々を生んだ。

スローフードが目指すものは、失われつつある伝統的な食を守り、復活させることだけにとどまらず、ファストフード化された社会に警鐘を鳴らし、ゆとりある暮らしと人間性を取り戻そうとする、いわば〝食のルネサンス〟ともいえる。

バラエティに富んだ郷土料理

二〇〇三年、中部イタリアのエージノ山脈とアドリア海に囲まれた人口わずか四万人のイエージ市に、郷土料理のシェフを養成するガストロノミー研究所が設立された。

そんなイタリアの片田舎まで飛行機や列車を乗り継いで、世界中から料理人が集ってくるという。日本からも多くの人がやって来ると聞き、イエージ市に向かった。

ガストロノミー研究所は、朝市でにぎわう町の中心、フェデリコ二世広場に近いフェデリコ・コンティ通りに建つ。一四世紀に建てられた建物の入口には、スローフード協会のシンボルであるカタツムリの看板が掛かっている。

「イタリアにはイタリア料理はない。あるのは郷土料理だけ」という言葉をよく耳にする。そんなイタリアで郷土料理や地酒ワインを守ろうとするスローフード運動がはじまったのは、まったくの偶然ではないだろう。

一八六一年に国家統一がなされるまで、領内はたくさんの王領・公国に分割統治された歴史があり、各々の国にはもともとバラエティに富んだ郷土料理があった。

一般的にイタリア北部はフランスの影響が強く、バターや生クリームをふんだんに使った脂っぽい料理が多く、一方、南部ではそれに代わってトマトやオリーブ油を使った比較的あっさりした料理が主流だ。

例えば、北部のピエモンテ州ではフランス風の田舎料理のほか、山間で狩猟したキジ、カモシカ、野ウサギなどのジビエ料理や清流で釣った鱒《ます》料理が有名だ。

イエージ市のある中部のマルケ州は海の幸や山の幸に恵まれ、トリフ、きのこ、サラミ、ソーセージのほか、伝統的製法で作ったチーズなど良質の食材が豊富だ。ブローデットというトマト味の実だくさんの魚介類スープをはじめ、オリーヴの実に肉類を詰めてフライにしたオリーヴェ・アッラスコラーナ、小さなイカにチーズや卵を詰めて煮込んだカラマレッティ・リピエーノなどは自慢の料理だ。

南部のシチリア州は、かつてアラブ文化の中継地になったことから、香辛料の効いた北アフリカ料理が郷土料理として根づいている。オリーブ油にイワシ、松の実を入れて作った独特のソースをまぶしたパスタ・コン・レ・サルデは、シチリアならではのマカロニの味だ。

このようにイタリアでは、長い時をかけて、地域ごとに異なる風土や文化が独自の郷土料理を育んできた歴史がある。

また、古代ギリシャ人はイタリアをワインの国「エノトリア」と呼んでいたが、すでに数千年前からそこで暮らす人々は、土地の特産ワインを思い思いに楽しんでいた。皇帝カエサルがワインを好んで飲んだことは広く知られているが、ローマの兵士が遠征に臨むに当たって、武器のほか、ワイン作りのためにぶどうの苗を携えたとの史実もある。

そんな幽遠な食やワインの歴史から見れば、イタリアにファストフードが入ってきたのは、わずか十数年前の話に過ぎない。

スローフードの歴史

ガストロノミー研究所のマンツィーニ所長は、スローフード協会のペトリーニ会長の友人であり、八人の国際理事の中のひとりだ。エネルギッシュで気さくな人柄は、いかにもイタリア人らしい。まずは、スローフード協会の歴史について尋ねてみた。

スローフード協会が誕生したのは、北イタリアのピエモンテ州のトリノ市から南へ六〇キロメートルほど行った、小さなブラという町だった。一九八六年、「ゴーラ」という食文化雑誌の編集者であったペトリーニ氏が、イタリア余暇文化協会「アルチ」の中に「アルチ・ゴーラ」という美食の会を作ったのがはじまりだ。

その後一九八九年、ローマにイタリア最初のマクドナルドが開店し、国内に大きな反響と物議をかもした。ある日、「アルチ・ゴーラ」の集りでこのことが話題となり、会員のひとりが〝スローフード〟という言葉を口にしたことから、協会の名前がネーミングされた。

同年、パリで開催された国際スローフード協会設立大会で、ペトリーニ会長はこう熱く語っている。

「我々みんなが、スピードに束縛され、そして我々の習慣を狂わせ、家庭のプライバシーまで侵害し、ファストフードを食することを強いるファストライフという共通のウィルスに感染しているのです。今こそ、ホモ・サピエンスは、この滅亡の危機に向けて突き進もうとするスピードから自らを解放しなければなりません……」。こうしてスローフード宣言は採択されたのだった。

この年、すでにイタリア国内に一〇〇〇名の会員が誕生。当協会の総会員数は約八万人。イタリア以外の世界四五ヶ国に三万五〇〇〇人の会員をもつまでに急成長。日本にも二〇〇〇人を越える会員が誕生し、二〇〇四年六月には全国レベルのスローフード協会が設立されるまでになった。

スローフード協会は、すべての人に開かれ、協会の理念に賛同する人ならば誰もが会員になれ、

気さくでエネルギッシュなマンツィーニ博士

スローフードのシンボルマークはカタツムリ

本場のイタリア料理を習う未来のマエストロたち（＊写真協力：ガストロノミー研究所）

加入資格は一年ごとに更新される。

また、一九九〇年にスローフード出版が設立されたことは、協会発展の大きな要因であった。「イタリアのオステリアガイド」、「日常のワイン」、「ワインの快楽」など、数々のワインやクッキングブック、レストランガイドを出版することで啓蒙運動に着手し、同時に協会の財政的基盤が確立できたからだ。

食材の追求

マンツィーニ所長の経歴について尋ねると、もともと料理は本業ではなく、古代ギリシャ哲学とイタリア文学を修めたドクターであるとのこと。このへんがユニークであり、スローフードの奥行きの深さを感じさせる。

そんな博士がなぜ郷土料理の研究所を創設しようと思いついたのか質問したところ、「世界中にイタリア人シェフがいて、イタリア料理は広まりましたが、不幸なことにその味はあまりよくないのです」と意外な回答。世界中のシェフに本物のイタリアの味を教えようと思ったのが理由だという。

「多くの店は、客にトリックをしているようなものです」。レストランは豪華な内装やテーブルセッティング、銀製のナイフやフォークなど見かけに気を奪われ、肝心の料理が疎かになり、食材そのものの質も低下していると博士は指摘する。

料理を追求してゆくと、いかに美味しい食材を手に入れるか、つまり食材の生産者にたどり着く。

その食材は土（畑）から来たものか、それともスーパーマーケットから来たものか。博士は今の若者は土を知らないと嘆く。良い料理人は、大量生産された食材からは決して生まれない。イタリア郷土料理にはよい食材と、ワイン、油、酢など基本となる調味料こそが大切だというのが博士の持論だ。

子どもの頃は、お祖母さんの手作り料理やおやつを食べて田舎で育ったという。しかし、その後五〇年を経て、牛が耕す畑は消え、また大量生産により多くの食材が失われてしまった。

スローフード協会では、農家や小さな製造業者を訪ね歩いて、すでに失われたオレンジ、ピーマン、アスパラ、豆など、七五〇以上の食材を復活させ、「味の方舟」宣言を出した。

さらに協会では、現在、わずか三〇種類の植物が人類の九五パーセントの食糧（野菜・穀物類など）を賄っている事実を憂えて、バイオディバーシィティ（生物多様性）を守る運動を展開。二〇世紀の初頭までに二五万種類もの植物が絶滅し、アメリカでは九三パーセント、ヨーロッパでは八五パーセントの農産物が消失した事実は、驚きに値する。

協会では生物多様性を守る以外に、農村文化が遺伝子操作技術の犠牲にならないよう、食に関する伝統技術や知識が失われないように運動を展開している。

最後に「ファストフードについてどう思いますか」と質問すると、博士はおどけてピストルで撃つ仕草をしながら、「スローフードは象に立ち向うハエのようなものです」とひと言。

二〇〇三年一一月のスローフード・マニフェストでは「スローな生活という思想は、単に食事を急いでとることについて反対したり、ファストフードに反対するためだけのものでなく、時間の価値が認められ、人間と自然が尊重され、喜びが存在理由となる世界を守るために発展させていかなければならない……」と高らかに宣言された。

現代がいかに忙しいとはいえ、欧米では四～五週間の夏季休暇が保証されている。日本がスローフード運動のスタート台につくには、最低限、ファストフードの恩恵をこばめるだけの欧米並みの社会制度が必要かも知れない。

問合せ先

♣イタルクック（ガストロノミー研究所）
Palazzo Balleani–Via F. Conti.5, 60035 Jesi, Italy
Tel：+39–0731–56400　Fax：+39–0731–59623
www.italcook.it
e-mail：italcook@jps.it

♣イタリア・スローフード協会
Via Mendicita Istruita 14, 12042 Bra（Cuneo）, Italy
Tel：+39–0172–419611　Fax：+39–0172–421293
www.slowfood.it
info@slowfood.it

16 倫理と環境に配慮した巨大スーパー

スイス　ジュネーヴ

ハイオクより高いディーゼル

ミニチュアのような牛の群を遠くに眺めながら、いくつもの山々を抜けると、冷たい水をたたえたレマン湖のほとりにたどり着いた。

給油のためガソリンスタンドに立ち寄ると、なぜか安いはずのディーゼルが、ハイオクよりも高いのにびっくり。一般に環境意識の高いはずの欧州でディーゼル車が人気あるのは、車両価格はちょっと高くても、長距離を走ることを考えた場合、最終的にガソリン車よりも得になるからだ。

もしディーゼルがガソリンより高かったら、誰も好んでディーゼル車を購入しようとは思わない。しかし、ここはそんな経済的常識が通用しない環境の国スイス。偶然にも私が車を止めたガソリンスタンドは、これから取材に向かうミグロ生協の子会社ミグロールであった。

ミグログループ

一九二五年にゴットリープ・ドゥットワイラー氏によって設立されたミグロは、創業当時、袋づめにした砂糖など六品目の生活必需品を五台の改造トラックに乗せて行商したというが、今ではそんな話も伝説となりつつある。

その後、ドゥットワイラー氏は徹底したディスカウント商法を始め、消費者主権を打ち出し、会社を生協組織に改める。

また、中間コスト削減を図った生産者からの直接仕入れ、安くて品質のよい豊富な自社ブランド製品の開発、広告費を抑えた宣伝方法も功を奏し、今ではスイス国内に五九〇店舗（総売場面積一二一万一九二三平方メートル）、約二〇〇万人の会員を擁する巨大企業へと成長し、グループ全体のマーケットシェアは、国内最大の二五・一パーセントを占める。

スーパーは、規模によってミグロの頭文字であるM（小規模店舗二八九軒）、MM（中規模店舗二〇二軒）、MMM（大規模店舗四〇軒）の三つに分類される。このほか専門店四一軒、貴金属等の特別専門店一三軒、食の専門店五軒、レストラン一九九軒を有する。

また、ミグログループでは、前述したガソリンスタンドのミグロールをはじめ、デパートの「グローブス」、書店の「イクス・リブリ」、旅行会社の「ホテルプラン」、「ミグロ銀行」のほか電気店、生花店、園芸店、家具販売、さらにはカルチャーセンターやレジャー施設まで傘下に収める。

二〇〇五年のグループ全体の売上げは、前年比〇・二パーセントアップの二〇三・四億スイスフラン（約二兆一一三三億円）。小売部門の合計は、前年比〇・六パーセントアップの一七三・五億スイスフラン（約一兆八〇二七億円）で、そのうち生協本体の売上げは一四六・二億スイスフラン

ジュネーヴ旧市街のフステリア広場にあるミグロ

（〇・二パーセント減／一兆五一九〇億円）。二〇〇七年の全体の売上げも、二一三・七億スイスフラン（約二兆二二〇三億円）と好調だ（一スイスフランは約一〇三・九円／二〇〇八年六月現在）。

生協の売上げが若干減少した理由は、主に低価格の自社ブランド「M-バジェット」を積極的に販売したことによる。だが、約四〇〇のアイテムをもつこの自社ブランド商品は、前年比六七パーセントアップの四・八億フラン（約四九九億円）を稼ぎ出した。

倫理と環境に適った商品ラベル

ミグロを世界的に有名にしたのは、業績もさることながら、徹底的に倫理と環境に配慮した商品開発によるところが大きい。すでに三〇年以上も前から、他の欧州企業に先駆けて、環境問題に取り組んできた。

一九八四年には自社の環境哲学を謳う「環境への指針」が発表され、その実践のための五ヶ年計画が打ち出された。この中には、「私たちは国民の健康を促進するための模範となりたい」、「効果的な方法を支援することで環境への負担を削減したい」という創設者の社会貢献への思いが込められている。

具体的なミグロの倫理・環境戦略を知るには、次の九種類の商品ラベルについて説明するのがよいだろう。

① 「ビオ」ラベル

野菜やくだものは、化学殺虫剤や化学肥料を使わない有機栽培農法が基本である。また、家畜には骨粉や遺伝子組み替えしていない飼料が与えられること、自然の中で放牧されることが義務づけられている。

さらに肉、ミルク、チーズ、玉子は一〇〇パーセント国産品に限られ、ヨーグルト、チーズなどの加工品は九五パーセント以上が有機栽培の原料を使うことが条件とされる。

② 「M-7ラベル」(肉の品質保証)

このラベルは、独立した機関によって検査を受けたこと、専門家が加工したこと、信頼のおける業者から購入したことを保証。ミグロの全食肉の七〇パーセントに及ぶ。

また、家畜にはすべて小屋を与えて飼育することが義務づけられ、小屋には光や新鮮な空気が入ること、床には清潔なワラが敷かれていることなど、細かな規定がある。

このほか、子牛などの特別な家畜には十分なミルクや水、干草を与えること。さらに、家畜の移動は三時間以内（子羊は五時間）に限られるといったきまりもある。

③「マックス・ハヴェラー」ラベル

スイスに本部を置くマックス・ハヴェラー財団は、第三世界の生産者が不当に搾取されない公正な貿易を目指して設立された団体だ。ミグロではこの財団の趣旨に賛同し、中間業者を減らし、生産者が生活してゆけるような体制づくり、自然環境に配慮した農法の普及、現地での教育、医療援助も行っている。

例えば、綿花栽培には膨大な化学殺虫剤や農薬が使用されるため、土壌汚染等の環境問題に加えて、農民の深刻な健康被害が指摘されている。その対策として有機栽培法が有効だが、価格が割高になってしまうため、生産品を恒常的に買い付けてくれる業者の後ろ盾が必要となる。最近、ミグロではアフリカのマリを原産地とする綿花を使って〝有機栽培綿花使用のパジャマ〟の販売にのりだした。同時に、このプロジェクトは、これまで経済的に弱い立場にあった女性の社会進出を促した。

このほか、紅茶、緑茶、コーヒー、ココア、チョコレート、オレンジジュース、バナナ、パイナップル、マンゴー、米、砂糖にもこのラベルがついている。

④「アイピー・スイス（IP-SUISS）」ラベル

独立検査機関アイピー・スイスの厳しい基準に適合したパン、小麦、じゃがいも、菜種油などの商品に与えられる保証。例えば、小麦や菜種の栽培には殺菌・殺虫剤の使用が禁止されたり、じゃがいもの茎や葉を除去するための薬品の使用が禁止されている。

⑤「海洋管理協議会（ＭＳＣ）」ラベル

持続可能な漁業、乱獲の禁止、絶滅する種の保存を目的として設立された団体ＭＳＣに賛同して設けられたラベル。この商品には、アラスカ産のサーモン、南アフリカ産のタラ、オーストラリア産のエビなどがある。

⑥「イルカ保護」ラベル

一九九一年からミグロでは、イルカのシールがついたツナ缶を販売。このラベルは、マグロを捕獲する際、誤まってイルカが網にかかって死ぬようなことのない安全な漁法を行っていることを保証している。

⑦「森林管理協議会（ＦＳＣ）」ラベル

IP-SWISS 基準に合格したリンゴジュース

ミグロオリジナル商品の数々

持続可能な森林保護を目指し、適切に管理された森林において、化学殺虫剤・除草剤、人工肥料を使用せずに育てた木材から作った家具、台所用品、ガーデニング用品、文房具などに、このラベルがつけられる。年間三三〇〇万枚のミグロの紙袋や、クリスマスツリーもこういった森林の木材が使用されている。

⑧「エコ」ラベル

環境に悪影響を与えたり、アレルギーを引き起こす原因となる素材を使っていない衣服に付与される。Tシャツ、下着をはじめとする衣料品の三分の二以上が、環境に優しいエコ商品だ。

⑨「バイオ綿」ラベル

環境に優しい有機栽培法で育った綿であること、また生産者が適切な利益を得ていることを保証するラベル。

環境への様々な取り組み

ミグロでは、環境対策としてほかにも様々な取り組みを試みている。その中のひとつが包装の簡略化で、これを象徴する商品がパッケージのない自社ブランドの歯みがき粉だ。

販売当初は、外箱がないと見栄えがしないという理由で売上げが半減したものの、一年後には「品質は何ら変わらず、しかも価格は安い」という消費者の理解が得られ、以前の売上げをしのぐまでになった。

また、ミグロではチューリッヒ工科大学と共同して「エコビラン」というプログラムに着手し、原料の生産から開発、廃棄に至る全過程を研究し、むだを省いた環境に優しい商品の開発を進めている。

さらにミグロのリサイクルセンターでは、新たにバイオガスで走るトラックも登場させて廃棄物を収集し、古紙、木材、金属、ガラス、オイル、バッテリー、食物残さなど、約二〇種類に分類したリサイクルを実施。ここでは全ミグログループの八〇パーセントの廃棄物がリサイクルされ、残りの二〇パーセントは焼却されてエネルギーとなる。近年、乾電池のリサイクル工場も建設された。

一方、エネルギーの節約にも努力を惜しまないミグロでは、店内の冷暖房は生鮮食料品の冷凍庫の冷気や熱を利用し、コンピューター制御している。このほか、屋根にソーラーパネルを設置する店も見かけるようになった。

このような取り組みによって、エネルギー効率が一九九六年に比較して二〇パーセント改善したことが評価され、チューリッヒ州から「効率的エネルギー賞」が授与された。

二年前に採決されたミグロの新綱領には、経済的効率性、社会的団結、環境への責任の三つの目標が規定された。

「もし、経営理念に社会、共同体、環境への配慮があれば、その企業は長い間にわたって成功を収められるでしょう」。ミグロ生協のホイザー議長のこの言葉は、今後、生き残りをかけた日本企業にとって、非常に重要な意味を含んでいるように思われる。

〒問合せ先

♣ Federation of Migros Cooperatives
Limmat Str. 152, po box 1766, CH–8031 Zürich
Tel：+41–(0)–442772111　　Fax：+41–(0)–442772525
www.migro.ch

17 ドイツで話題のビオ・マルクト

ドイツ　カールスルーエ

美食から〝ビオ食〟の時代へ

〝健康〟が話題にのぼるようになって、すでに久しい。健康はブームから、すっかり社会に定着した観があるが、それは日本が経済最優先の時代から、欧米のように個人の生活を大切にする時代へ移行しつつあることと関係がありそうだ。

最近では、少し高価でも無農薬・有機栽培の味のよい真っ赤なトマトを食したいという人も増えているようだが、それでもスーパーでなるべく安い食品を購入しようとする大半の消費者の傾向は変わっていないようだ。

ところがヨーロッパ、とりわけドイツでは、一般に健康食材・食品に対する意識は高く、至る所で自然食品・オーガニック食品を扱うビオ・マルクト（健康食品マーケット）を目にする。

そこで今回、環境都市として知られるカールスルーエ市にあるフュルホルンという大型のビオ・マルクトを訪ねてみた。

様変わりしたビオ・マルクト

フュルホルンとは、ギリシャ神話に出てくる豊穣の角笛を意味する。まず店に入って、店舗の広さとその名の通り豊富な品揃えに驚かされた。これなら日本にある普通のスーパーと遜色ない。そういっては叱られそうだが、ひと昔前のビオ・マルクトと言えば、狭い店内にチーズとワインが二、三種類。それに虫に食われた萎びたリンゴがあるくらいのもので、ベジタリアンが主な顧客だった。

経営者のプリューファーさんによると、一九八二年創業当時のフュルホルンは、街外れにある三〇平方メートルほどの店で、しかも店内には段差があって、車椅子のお客には不便だったという。

それが二〇〇四年になって、街の中心に八〇〇平方メートルの立派な店舗を構えるほどになった。現在、バーデン・ヴュルテンベルク州内には八つの支店があり、グループ全体の従業員数は三四〇人。年間の売上げは、約二一〇〇万ユーロ（約三五億七〇〇〇万円）にまで成長した。

すでにドイツでは、一〇〇年ほど前に〝リフォームハウス〟という呼び方でビオの前身となる運動が一部にあった。戦後は、その考えを基にヒッピーが火付け役となって、ベジタリアンや〝自然に帰ろう運動〟を後押しした。

近年、一般的な健康からアレルギー、ウイルス対策やダイエットも含めて、ビオ食品が注目されるようになったが、ドイツで急速に食の安全が見直されるようになったのは、二〇〇〇年暮れに国内でＢＳＥ（狂牛病）が発見された後のことだ。

品数豊富なビオ食品

店内は普通のスーパーのように、肉、野菜、レトルト食品、パン、お菓子、雑貨などのコーナーに分かれている。

コーナーごとに店員さんから商品の説明を受けたところ、三時間もかかってしまった。それもそのはず、この店のビオ商品は六〇〇〇点以上もあるのだ。例えば、ワインは五〇種類、チーズだけでも三〇〇種類もある。

肉のコーナーを覗いて見ると、色も大きさも見かけ上は特に普通の肉となんら変わらない。だがこの店の肉は、農薬、添加物、遺伝子組み替えをしていないエサを与えた家畜を一頭一頭大切に育てたものだ。もちろん肉には、きれいな赤色を保つための発色剤（食品添加物）などいっさい使われていない。

次に、野菜のコーナーを見てビックリ。かつての小さくて虫食いだらけの野菜や果物ではなく、大きさも立派で、見かけも美しい。その上、種類も豊富だ。日本のキュウリが真っ直ぐなのは、曲がったキュウリは箱詰めに適さないという主に流通側の要請によるものらしいが、ここの野菜は自然の形のままだ。

ここでビオバナナやビオパイナップルという表示に目がとまる。これはエクアドルやガーナで生産されたもので、「ビオ」の表示は国際機関が公に保証したものだ。

通常、ビオ以外の果物は、同じ時期に大量に生産したいため、ガスを散布して成長を調整するらしいが、ビオフルーツは自然に任せて育てたものだ。しかし、ここに並ぶすべての果物や野菜は、無農薬、無化学肥料、有機栽培であって、遺伝子組みかえをしていないエコに徹している。お菓子のコーナーでも、チョコレート、ビスケット、チップス、キャンディからドライフルーツ、マシュマロまで、すべてビオ商品。

飲物もワインやエコジュースのほか、レモネードが入ったエコビールや、レモン&ジンジャードリンクなどたくさんの新商品が登場。

英国のチャールズ皇太子が経営する「ダッチィ・オリジナル」(Duchyoriginal) のエコジャムやマーマレードなども置かれている。

このほか、化粧品、石鹼、洗剤から、赤ちゃんのおしめ、ロウソク、ペットのエサに至るまでビオ商品が揃っている。こんなに多くの商品があることは、すでに業界がビオを新たなビジネスチャンスとして捉え、本格的に動き出しているからに他ならない。

危険な食品添加物

この店の商品は生鮮食料品から一般の食料品、油や塩などの調味料にいたるまで、食品添加物をいっさい含んでいなかったり、必要最小限の微量におさえてある。

食品添加物には、①製造に必要なもの、②保存性を高めるもの、③品質を向上させるもの、④風味や外観をよくするもの、⑤栄養価を増強するものがあり、日本では化学合成による指定添加物三四五種類と天然物から抽出・分離した既存添加物四八九種類、計八三四種類が厚生労働省によって許可されている。

一般には着色料、発色料、漂白剤、保存料、防カビ剤、殺菌料、香料、調味料、酸味料、甘味料などと呼ばれるものだ。

中にはアレルギー、ガン、奇形などの特殊毒性が認められるものもあるが、小量ならば人体に影響ないとされる。

だが、食品添加物中の異なる化学物質同士が化学反応を引き起こす〝相乗毒性〟は無視できない問題だ。その一例として、ハムの発色剤である亜硝酸ナトリウムと魚に含まれる二級アミンが反応すると、発ガン性物質のジメチルニトロアミンが生成されることが知られている。

これに農薬、大気汚染物質、水質汚染物質が体内でいっしょになったとき、どんな影響が現れる

フュルフォルンの概観

ビオ農場の入り口

かは予測がつかない。

人間が日常生活を営む上で、通常、毎日約六〇種類の食品添加物を計一〇グラム摂取しているといわれている。これを単純に計算すると、一年で約四キログラム。一生のうちでは自分の体重の何倍もの添加物を取っていることになる。そう考えると、ビオ食の必要性には十分うなずけるものがある。

だが、通常の卵が〇・一ユーロであるところ、地鶏のビオ卵は〇・三五ユーロ。パンの値段は通常の五倍、肉類も三倍以上と、食費はかなり高くつく。

にもかかわらず、健康を考えてすべてビオ食品を購入するという消費者も少なからずいる。

ビオ農場訪問

フュルホルンでは「ビオランド」というビオ農業協会に属する農家から野菜を仕入れていると聞き、プリューファーさんの紹介で郊外にあるビオ農家を訪ねることにした。

クノーブルさんは五年前まで六五頭の乳牛を飼って乳業を営んでいたが、設備投資も必要で、重労働の割りには利益が少ないこともあって、ビオ農業に転身したという。

五〇ヘクタールの畑では、牧草、小麦、大豆、じゃがいも、人参、玉ねぎ、トマト、パプリカ、サラダ菜などを作っている。最近では市内にビオ・マルクトを開いて、自分の畑で収穫した野菜も販売している。

当日はトマトの植えつけがある多忙な日にもかかわらず、クノーブルさんご夫妻が快く畑を案内してくれた。

最初に小麦畑を見学。普通の小麦は一〇〇キロ当たり一三ユーロだが、ビオ小麦には三五ユーロの値がつく。クノーブルさんのところの小麦はベーカリーに卸し、作ったパンを自分の店で購入する条件で、一〇〇キロ当たり六三ユーロの高値で取り引きしているとのことだ。

次に案内してくれたのが、サラダ菜とコールラビを作っているビニールハウス。ビオ農場では、ビニールハウス内で石油暖房はしないため、もっぱら作物を寒さや虫から守るための意味しかもたない。

ビオ農業のご苦労についてクノーブルさんに尋ねると、「農薬や化学肥料を使わないビオ農業も、普通の農業とあまり変わりません」との返事。

とはいえ、化学肥料を使えばほとんど一〇〇パーセントの作物が収穫できるところ、ビオ農法だとレタスは四〇パーセントほどが虫に食われ、じゃがいもも、時には三〇パーセント近くダメになることがあるそうだ。それでもビオのじゃがいもは、水分が少なく味も香りもいいという。

「たとえリスクがあろうと、土壌を害さないビオ農法が一〇〇パーセント正しいのです。ビオ農家が増えれば、地球全体の土地が再生してゆきます。みんながもっとビオ食品を買うようになれば値段も安くなるでしょう」とクノーブルさんは語る。

やはり、土に生きる人の哲学ありて、ビオ農業ありとの思いを深くした。

☎問合せ先

♣フュルホルン（カールスルーエ店）　Füllhorn-Karlsruhe

Erbprinzenstr. 27, 76133 Karlsruhe, Germany

Tel：+49-(0)-721-913100　Fax：+49-(0)-721-9131022

www.fuellhorn-naturmarket.de

fuellhorn-karlsruhe@t-online.de

18

巨大GMO企業に挑む、地球の種の守り人

フランス　アレー

大地に種まくインディアン伝説

いま、植物の種に異変が起きている。有史以来、自然の大地が育んだ植物の種の中には、絶滅に瀕しているものも多い。例えば、一九八一年に一八〇種あったメロンは、現在八九種までに半減してしまったという。また、わずかこの数十年のバイオテクノロジーによって、人間が作り出したバイオ種が地上を席捲し、農業のあり方を大きく変えようとしている。

今回訪ねた南仏アレー市にあるココペリ社（Kokopelli）は、人類にとってかけがえのない種を絶滅や遺伝子組み換えから守るための活動を世界に展開している。この日迎えてくれたのは、素朴な人柄が光るジャン・マルクさん。アメリカ出張中のお兄さんが、ここの代表を務める。

一九九一年、マルクさん兄弟を含む四五人のボランティアが、近郊のオバーニュ市に三〇エーカーの植物園を開いた。ここで無農薬・有機農法による薬用植物や野菜を育て、健全な作物から健全な種作りをはじめた。

その後一九九九年三月、ココペリを設立。現在、フランスを中心にイギリス、イタリア、ドイツ、ベルギー、ブラジル、インドに支店をもつ。また、一〇年ほど前、アメリカ、カナダ、コスタリカに種子バンクを開設。生物学的にも珍しい種の保存に乗り出した。

ココペリの年間の収益は、約八〇万ユーロ（約一億三三六〇万円）。その内訳は、種の販売（六五パーセント）、本の販売（二〇パーセント）、会費（一五パーセント）からなる。会員数は約六〇〇〇名で、会費には①二〇ユーロ、②六〇ユーロ、③一五〇ユーロの三種類がある。すべての会員は一袋三ユーロの種を二・五ユーロの割引価格で購入できるほか、②③の会員は市場に出まわっていないココペリ特別コレクションの購入にあずかれる特典がある。また、会員には随時、ネットやメールで会報が送付される。

事務所の壁に掛かるユニークなイラストが描かれた絵皿に目をやると、「これがココペリのシンボルマークです」とマルクさんが応える。ココペリという名は、種が入った大きな袋を背中にかつぎ、笛を吹いて大地に種をまくインディアンの伝説上の人物からとったものだという。

巨大GMO企業、米サンモント社

マルクさんは、GMO（遺伝子組み換え作物）の危険性を強く指摘する。GMOが世界ではじめて商業栽培されたのは、一九六九年のことだった。その後一九九〇年代に入って、バイオテクノロジーは急速に進んだ。

アメリカの世界的な農薬会社、サンモント社が開発した遺伝子組み換え大豆「ラウンドアップ・

レディー」と除草剤「ラウンドアップ」が爆発的なヒット商品となった。この有機リン系の強力な除草剤は、必須アミノ酸の合成を阻害するため、あらゆる植物を枯らしてしまう性質がある。

しかし、「ラウンドアップ・レディー」には、もともとの大豆の遺伝子にアグロバクテリウム（土壌細菌）から切除した耐性遺伝子と、大腸菌からの抗生物質耐性遺伝子が組み込まれているため、この除草剤をかけても枯れない。これまで、大豆農場では数種類の農薬をまく必要があったが、これならば一度で済むため、手間と人件費が格段に削減される。

さらに同社が開発したGMOに、害虫耐性のじゃがいも、トウモロコシ、綿がある。じゃがいもを例にとると、害虫に対して殺虫力のあるタンパク質Btトキシン遺伝子をバチルス（枯れ草菌）から切除し、じゃがいもの遺伝子に組み込む。その後、じゃがいもの葉の中に殺虫性のあるタンパク質が作られるため、蝶や蛾などの害虫がこれを食べると死んでしまう。

ここで、「虫も食べられないようなじゃがいもを人間が食べて大丈夫なのか」という素朴な疑問がわく。だが、生物学的に害虫の消化管内はアルカリ性で、しかも管内の特定の部位と結合してはじめて毒素が発生する。一方、哺乳動物の消化管内は酸性で特定部位をもたないため、毒性が出ないまま排泄されるので危険はないという。

一九九九年七月、日本では上記のGMOを厚生省が認可。しかしその一方で、二〇年間、三〇年間とGMOを食することで、慢性的な毒素の蓄積、免疫低下、発ガン性の危険、生殖系への影響を懸念する声が研究者から聞かれる。

また、遺伝子組み換えは植物同士の交配とは異なり、トウモロコシにバクテリア、コメに人間の

コンポスト作りをするアフリカの現地スタッフ

ココペリの種を使ったインドでの作物栽培（＊写真協力：ココペリ）

ＤＮＡを組み込むなど、〝種の壁〟を越えるため、抵抗を感じる人も多い。しかも、ＧＭＯが周囲の野生植物に影響を及ぼしたり、「ラウンドアップ」が効かなくなるような強靭な植物が生まれることで、生態系に異変が生じることもありうる。

現在、世界で生産される大豆の半分以上は遺伝子組み換えによるもので、ＧＭＯは予想を上回る猛スピードで拡散し続けている。そのため、サンモント社のようなひと握りの企業が、世界の食料をコントロールするような事態にもなりかねない。

ココペリの使命と活動

ココペリは、遺伝子組み換えしない無農薬・有機農法の安全な種を作ること、多様な植物の種を人類の宝として、永遠に保存することを使命とする。また、食料の安全保障（フード・セキュリティー）と、第三世界における持続可能な有機農法を目的に掲げる。

そのため、欧州をはじめ世界で、安全な種を育てるシードサーバー・ネットワーク作りを積極的に構築している。具体的には、下記の三つの活動を推進している。

①〝国境のない種〟キャンペーン

二〇〇一年〜二〇〇二年、ココペリは一五万パックの種を第三世界の地方都市に寄付。この運動は、ホームガーデンをもつ会員に種を送って育ててもらい、その作物からできる種を収集することで実現。

②第三世界で有機農業

ルーマニア、インド、チベット、エクアドル、ボリビア、コスタリカ、ナイジェリア、セネガルなど、一五ヶ国に種を寄付。

現地人を指導して畑を耕し、独自に開発した「月のカレンダー」に沿って種を植える。この活動により現地に雇用が生み出されるほか、育った作物はもちろん、種はココペリの証明書つきで売りに出される。

③見本市・ワークショップ

フランス国内の作物の約八〇パーセントが化学肥料を使用。無農薬・有機農法で育った作物はわずか二パーセントだ。ココペリでは国内約一〇〇都市で、年間一二〇回ほど見本市を開催して種を販売。欧米はもちろん、南米、カナダ、オーストリア、日本にも販路を伸ばす。同時に、ウェブサイト、ニュースレター、出版物を通して、正しい種や農業に関する啓蒙運動を行っている。

インタビューを終えると、マルクさんはひんやりとした種の保管倉庫へ案内してくれた。ココペリが扱う種は、一二〇〇品目、二七〇〇種にも及ぶという。例えば、トマト六五〇種、パプリカ（甘・辛ピーマン）三七〇種、カボチャ二〇〇種、レタス一三〇種、ナス五〇種といった具合だ。色も形も大きさも様々で、なじみのない奇妙な野菜も多い。

「私はGMOや化学肥料を使う農業には絶対反対です。ココペリの活動は、まだ大海の一滴のようなものですが、これからもベストを尽くしていきます」

温和なマルクさんが真剣な眼差しでそう語った。

〒問合せ先

♣Kokopelli Seed Foundation

Oasis 131, Impasse des Palmiers, 30100 Ales, France

Tel：+ 33–(0) 4–66306491　　Fax：+33–(0) 4–66306121

kokopelli.semences@wanadoo.fr

www.kokopelli-seed-foundation.com

第5章 建築・エコデザイン

19 世界に誇るドイツのエコ建築

ドイツ　フライブルク、カールスルーエ

進んだソーラー建築

エコ建築といえば、やはりドイツ。その中でも、フライブルクの太陽エネルギーに配慮した建築は、ドイツが世界に誇る未来建築の象徴として知られるようになった。

まず、フライブルグ駅に降り立つと、側面をソーラーパネルで覆われた高層の駅ビルが目に飛び込む。ビルを仰ぎ見ると、太陽の光が青いパネルにきらきらと反射してまぶしい。ビルの入口にかかるソーラーメーターには、このビルが産出する太陽エネルギーの量が表示され、数字が刻々と変化してゆく。

七〇年代、住民の反対で原発建設を断念し、後に環境都市宣言した人口約二〇万人のこの市は、それに代わるエネルギーとして、クリーンエネルギーへの道を模索し始めた。とりわけ、太陽エネルギーの利用には積極的で、この駅ビル以外にも、ソーラーパネルを敷きつめたサッカースタジアムや、駐車場の屋根を利用した〝ソーラーガレージ〟などを見学しに多くの人々が訪れる。

未来のエコ建築〝ヘリオトロープ〟

もうひとつ、この町のエコ建築の顔ともいうべき建物が〝エコ建築家〟、また〝ソーラー建築家〟とも評されるロルフ・ディッシュ氏の〝ヘリオトロープ〟である。

ヘリオトロープとは、ギリシャ語で「太陽に向く」という意味だが、その名の通りこの建物は、太陽の動きに合わせて三六〇度回転するという、まさに想像をこえた未来志向のハイテク・エコハウスである。

三階建てで直径一一メートルの円筒のような外観を擁するこの家は、まるで宇宙基地のようにも見えるが、別名〝樹木の家〟とも呼ばれる。というのは、円筒の中心部にはちょうど樹木の幹のような直径三メートル、高さ一四・五メートルの柱があり、これが枝葉にあたる居住面積二四〇平方メートル、総重量一〇〇トンの建物を支えているからだ。モーターと歯車を使って、この太い幹を回し、建物全体が動く仕組みになっている。

建物の外壁の半分は三重の丈夫な断熱ガラス、もう半分は断熱性の壁からできている。断熱ガラスは床から天井まである大きなガラスが使用され、冬は大きなガラス窓が太陽を追いかけるように動き、一方、夏は断熱性の壁が太陽の熱を遮断するように回転する。

また、屋上には、やはり三六〇度回転する五五平方メートルのソーラーパネルが設置され、常に太陽の方向を向くようにコントロールされている。このため通常のソーラーパネルと比べると、三〇パーセントアップの効率だ。このソーラーパネルは、この家で使用する五倍の太陽エネルギーを生産できるため、余った電力は売却している。

さらにガラスの側にも、太陽熱を吸収するフェンスが備え付けられ、この熱が給湯や床・天井の暖房用に利用されている。

このエコハウスのもう一つの特徴は、床や天井などに木をふんだんに使っていることだ。内部を鋼鉄製にすればもっと簡単だったが、木材は石材に比べると断熱効果が高いこと、また木の良さをアピールするために、あえて木材にこだわったのだという。

このほか、生ゴミをコンポストでたい肥にしたり、雨水収集装置により蓄えられた雨水はトイレや洗濯用水として使われる。また、地下の冷たい空気を採取した〝天然の冷蔵庫〟でワインを冷やすなど、細かな点にも配慮が行き届いている。

ちなみにこの未来のソーラーハウスにかかった費用は、一八〇万ユーロ（約三億六〇万円）ということだ。

ところで、当時、建築家のディッシュ氏も原発建設反対運動に立ち上がったひとりだ。その経験から得たことは、ただ反対するだけでなく、それに代わる解決策を具体的に提示することが大切だということだった。これがその後の建築活動の原点になっているという。

ヘリオトロープは、「環境は守るという考えだけでは解決しない。未来までも機能する方法を探し出すことだ」という氏のモットーを実現したエコ建築の傑作といえる。

まるで宇宙基地のようなヘリオトロープ

ゲロルズエッカー・エコロジー住宅

〝ゲロルズエッカー・エコロジー住宅〟は、ドイツエコ建築の草分けともいうべき建物で、一九九三年にカールスルーエ市に建設された。

今でこそ、このエコ建築の技術はドイツ国内で普通に見られるようになったが、当時は最新のエコ建築の粋を極めた共同アパートで、同時にエコ村的な共同体としても広く知られるようになった。

この住宅は、町の中心から路面電車《シュトラッセンバーン》で一五分ほどの便利なロケーションに建っている。住人が車を使わなくても済むというのも、エコ建築にとっては大切な条件のひとつだ。

この住宅を設計したのは、同じ住宅地内にオフィスを構えるPIAという設計事務所で、小雨降る中、にこやかに案内してくれたのは建築家のシュメーリング氏だ。氏の話によると、そもそもこのエコ建築のプロジェクトが発足したのは八〇年代の終わりの頃で、はじめに住宅の購入を希望する三〇人ほどの人たちを募って、まず建築についての基本的なコンセプトが話し合われた。

その後、九〇年のコンペティションでPIAが設計業者に選ばれ、翌年、住宅建設協会が設立された。設計から建築材料の選定、建築方法に至るまで、住人となる人々の意見に耳を傾け、九三年に完成した。

総面積一万五〇〇平方メートルの住宅地には、ドイツ式の長屋住宅四棟二一戸と、集合式住宅一棟一七戸のほか、公民館として利用できるコミュニティハウス（総住宅面積五六〇〇平方メートル）が建設された。

建設費用は、住宅一平方メートルあたり一六〇〇ユーロ（二六万七二〇〇円）で、これはドイツの通常の住宅に比べると一〇パーセントほど割高だが、エコハウスとしてはかなり押えた価格である。

エコ住宅の基本理念

にもかかわらず、このゲロルズエッカー・エコロジー住宅は、エコの基本的建築理念をベースに様々な工夫が凝らされている。

まず第一に、限られた土地を最大限に有効利用するため、一戸建てではなく、壁を密着して複数の住宅を建てる〝ドイツ型の長屋式住居〟を採用したことだ。当然、このタイプの住居は、一戸建てに比べてコスト的に安く、また住宅建設によって失われる緑を最小限にとどめるメリットもある。

第二に最大限に太陽熱を利用できるような配慮がなされている。家の作りは、北向きの窓を小さく、南向きの窓を大きくとって太陽光が差し込むように設計されている。しかし、夏場の直射日光は厳しいので、大き目の庇《ひさし》が取り付けられた。しかもこの庇は、冬場の低い太陽光は吸収できるように高さが工夫されている。

また、この庇の上には太陽熱温水器が設置され、さらに将来的にソーラーパネルを取り付けることを見込んで、庇の下半分にそのスペースを設けておいた。しかし、現在の標準的なパネルのサイズが、このスペースよりも大きいことや、費用的な問題もあって、残念ながら当初の設計通りソーラーパネルを設置するには至っていない。

第三に、雨水を積極的に利用するために、八〇立方メートルの共同貯水層が共有スペースの地下に設けられている。現在、この雨水はトイレ・洗車・ガーデン用に使われているほか、防火用水として蓄えられている。

第四に、省エネ対策も工夫され、エネルギー高率の高いガスボイラーを使ったり、熱交換により外気を取り入れる換気装置が設置されている。一方、省エネとは直接関係ないが、壁の内部に暖かな空気を循環させて、壁の輻射熱で室内を暖める壁暖房も施されている。

また、断熱材を多用しているのはもちろんのこと、九六年にドイツでアスベストなどのミネラル・グラスウールが全面禁止になる前から、発ガン性の素材は避けて粘土や植物性の断熱材を利用している。

しかも建築素材としてはできるだけコンクリートはやめて、断熱効果の高い木材を選び、さらに火事で建物が燃焼することをも想定して、燃えると有害なガスが発生するプラスチックは避けるという気遣いがなされている。このほかドイツで産出できる石灰石やレンガのほか、八〇パーセントまでもリサイクル可能な素材を使ったことも見逃せない。

第五に、コンポストトイレについて紹介すると、現在三八戸のうち二家庭だけだが、このエコトイレを設置している。

コンポストトイレは、水でし尿を流さず、地下室のタンクにそのまま貯めるシステムだ。トイレの作りは、水を流すノブがないことや、トイレと地下室のタンクをつなぐ直径四〇センチメートルほどの太いパイプがあるくらいで、外観は水洗トイレとほとんど変わらない。

し尿はこのパイプを通ってタンクに落ち、タンク内に生息するダンゴ虫やバクテリアが二〜三年の歳月をかけてゆっくりとたい肥に分解する。最近、ドイツではタンクを保温したり、攪拌することで、わずか数日でし尿を分解する新型のコンポストトイレも開発されている。

トイレに関して、一番気になるのが臭いだが、常にモーターを回して吸気しているため、水洗トイレと同様、悪臭がこもることはない。またトイレに台所の生ゴミ（肉・調理したもの・タバコの吸殻は不可）を捨てられるのは、とても便利だ。これらの生ゴミはやがて良質の土となって、自然に還元される。

最後に「フライブルグで、回転する家へリオトロープを見てきましたが、建築家として、エコ建築には何がいちばん大切だと思われますか」とシュメーリング氏に尋ねてみた。

「そうですね。家がいくら素晴らしくても、例えば家の南側を高速道路が走っているということもあります。エコ建築には建物自体の機能も重要な要素ですが、やはり周囲の環境が大きく左右します」と氏はいう。

また、今後、エコ建築の技術がどれだけ向上したとしても、結局のところパーフェクトな家というものは存在せず、最終的にはそこで暮らす人が満足できるかどうかにかかっているのだと答えてくれた。

問合せ先

♣ＰＩＡ設計事務所（PIA Generalplanung GmbH）

Dessauer Str. 3, 76139 Karlsruhe
Tel：+49-(0) 721-9671700　Fax：+49-(0)721-9671799
www.pia-architekten.de

20

ハイテク装備の未来型エコホテル

ドイツ　フライブルク

〝哲学の都〟から環境都市へ

黒い森《シュヴァルツヴァルト》とライン川の豊かな自然に育まれた文化都市フライブルク。しっとりと落ちついた石畳の旧市街には、ベッヒレと呼ばれる幅三〇センチほどの浅い水路が設けられている。黒い森を源とする清流が、涼しげな音を奏でて流れてゆく。その水路の横を二両編成の路面電車が音もなく行き交う光景は、この町を象徴しているかのようだ。

旧市街の南西にあるフライブルク大学は、一四五七年創設の歴史ある大学で、かつて哲学者ハイデッガーが教鞭をとった現代哲学の最高学府として知られる。だが、近年、フライブルクは〝哲学の都〟から環境都市へと生まれ変わり、一躍、脚光を浴びるようになった。

日本からも官公庁をはじめ、私企業、NPOなど、進んだドイツの環境政策を学びにやって来る人たちが後を断たない。ソーラーシステム、風力エネルギー、エコ建築など、ひと通り環境都市の見学を終えて一日の疲れを癒す場所も、またエコホテル。

以前、この町の環境セミナーに参加した人がエコホテルについての体験をホームページに掲載していた。その概要は、「エコホテルは四ツ星ホテルにもかかわらず、歯ブラシもバスタオルもない。トイレの水も十分流れず、代わりに便器を磨くゴシゴシブラシが置かれていた。これがエコホテルというものなのだろう……。だが、朝食ビュッフェは種類も豊富で美味しかった」と、エコホテルのサービスに戸惑いながらも、朝食の素晴らしさでしめくくってあった。

エコホテルを体験すること自体が目的の人は別としても、極端にエコを追求するあまりサービスが低下すれば、一般のお客からは苦情がでるだろう。また、そういったホテルが厳しいホテル間の競争に勝ち残れるのだろうか。それ以前にエコとサービスとは、そもそも両立するものだろうか。そんな素朴な疑問を抱きながらフライブルクへと向かった。

クリーンエネルギーの導入

一八七五年創業の由緒あるホテル・ヴィクトリアは、中央駅近くのアイゼンバーン通りを真っ直ぐ行ったコロンビ公園前に位置する。

白を基調にしたフロントは明るく清潔感が漂うが、これといって特別エコを感じさせるものではない。パスポートを差し出しながら「ここはエコホテルですよね」と確認してしまったほどだ。

まもなくホテルのオーナーのシュペート夫妻が現れた。シュペートとは、ドイツ語で「遅れた」という意味だが、さすがにドイツ人。時間には正確だ。さっと差し出したおふたりの名刺の肩書きには、「ガストゲーバー」、「ガストゲーバリン」と書かれてある。「主人」、「女主人」という意味の

ホテル・ヴィクトリアの概観

洒落た肩書き自体、お客をもてなす心意気が感じられる。

最初に案内されたのはホテルの屋上だった。設置された青いソーラーパネルが、太陽の光を反射してまぶしい。お客一人当たり、一日平均三〇キロワット時の電力を消費するというが、六六平方メートルのソーラーパネルで一六部屋分の電力と温水を供給している。

また、三〇キロメートル離れた黒い森にあるソンネン村で開始したウィンドファームにも投資し、ここからウィンドエネルギーも引いている。

次に地下の暖房システムを見せてもらった。これまでのオイルセントラルヒーティングから木屑を圧縮加工したペレットを燃料とし、六三部屋すべての暖房と温水の供給が可能となった。〝木〟は、生存中はCO_2を吸収するため、CO_2に関してはプラスマイナスゼロの存在だ。しかも黒い森は、燃料となる木材の宝庫なのだ。

これらのクリーンエネルギーは、いずれも二〇〇二年春から導入したもので、ソーラーシステムに六万ユーロ（約一〇〇二万円）、ウィンドエネルギーに同じく六万ユーロ、木材バイオ・ヒーターシステムに一二万五〇〇〇ユーロ（約二〇八八万円）を投資した。これらの設備投資を返済するには一五～二〇年かかるということだが、ご夫妻にとっては自分のホテルがクリーンエネルギーを消費し、地球環境に貢献していること自体が何よりの喜びなのだ。

ゴミを出さないエコ朝食ビュッフェ

ホテル業を始めるきっかけを尋ねたところ、元をただせば七〇年前にご主人のお祖父さんがここを買い取ったのが始まりだそうだ。

二八年前からその跡を継いだ夫妻は、初日から朝食後のゴミの山にうんざり。なんとかゴミを出さない方法はないものかと思案した末、使い捨ての容器をまったく必要としないビュッフェ形式の朝食を思いついた。

これでゴミは五〇パーセント削減。今でこそビュッフェスタイルは一般的になったが、当時はドイツではもちろん、他のヨーロッパでも見かけなかった。いわば、夫妻は「朝食ビュッフェの産みの親」なのである。

もともとエコには興味があったため、その後は食材の質にもこだわり、農薬をいっさい使わない有機農法のエコ野菜・フルーツに切り替えた。

無添加のエコジャムは、イチゴ、ラズベリー、アプリコットなど、種類も豊富。マーガリン、マーマレード、ハチミツも欲しいだけ小さなガラスの容器にとるようになっている。

しかもティーバッグまでやめて、アールグレイ、アッサム、グリーンティーなど、お茶の葉を自由に選んで、趣のある土瓶にお湯を注ぐ徹底ぶりだ。

手作りでふかふかの焼きたてのパンには、もちろん無漂白のエコ小麦が使われ、これにひまわりやカボチャなど、栄養価の高い種がのっている。

ゆで卵やスクランブルエッグ用の卵は、郊外のエコ農場で遊ばせた地鶏が産んだもので、黄身はふっくらときれいな黄色をしている。

ソーセージやハム類はすべて手作りのオリジナル。ミルクも、エコ飼料で大事に育てたこの地方産のブレイスガウ牛から搾ったものだ。

かつて同業者から「ビュッフェはコスト高になる」と忠告されたが、それでもエコにこだわり、多くの農家や肉屋を一軒一軒回って契約し、工夫を凝らして、エコビュッフェは採算のとれるまでになった。

数々の工夫とハイテクの導入

朝食を終えて客室に案内されると、真っ先に浴室を覗いてみた。「バスタオルがありますね」という私の言葉に、夫妻はいささか戸惑い気味の様子だった。思いきってホームページのことを話してみると、この二八年間、バスタオルを置いていないことは一度もなかったということだ。

ただし鏡の前の小さなプラスチックカードには、新しいタオルに替えたい人は床に使用済みタオ

ホテルで所有する自慢の電気自動車

ペレッツのバイオマスでホテル内を暖房
（＊写真協力：ホテル・ヴィクトリア）

ルを落しておくように書かれてある。洗濯に必要な水を節水するのが目的であるが、これはエコホテルに限らず、ヨーロッパではどこのホテルでも常識になっている。平均二〜三泊する泊り客のうち、毎日タオルを交換するのはわずか一〇パーセント程度。ここ二〇年でエコへの意識も次第に高まってきている。

また、使い捨て石鹼やシャンプーを置かずに、ボトルのボディーシャンプーが備え付けになっているのも特に珍しいことではない。

だが、ヴィクトリアがエコホテルといわれる所以は、一見してわかりにくい別のところにあった。例えば、バスタブには特別なカットが施され、通常三〇〇リットルのお湯が入るところ二〇〇リットルで済む。すなわち、約三〇パーセントの水とエネルギーが節約できる設計になっている。

また、水洗トイレのボタンに新たにストップボタンを付けることで、九リットルのタンクの水を六リットルに節約できるようにした。しかしボタンを押すかどうかは、あくまでもお客の自由意思に任せているのはいうまでもない。

このほか、ふとんの素材は防アレルギー性で、しかも環境に優しいクリーニング可能なものだ。同様にソファもビニールや皮革製でなく、マイクロファイバーを使っている。

通常、ミニバーは内外六〜八度の温度差で冷却を開始するが、コンピューターが一度の温度差を捉えて冷却するため、その結果三〇パーセントの電力がカットされた。

照明は八〇パーセントも消費電力を削減できる特別な電球を使い、しかもトイレやガレージなどは自動スイッチに切り替えた。

また、消費電力を常に平均化する高度なシステムを導入することで、さらに電力の無駄を抑えた。例えば、多くの泊り客がドライヤーをいっせいに使用するような場合、ホテル側で使っている洗濯機などは後回しとなり、一時的に止まる仕組みになっている。

その他、床にはワックス処理していない自然な木材を使ったり、電話の横のボールペンを鉛筆に替えたりと、細かな配慮は尽きない。

努力を重ねて栄誉に輝く

「一〇〇の小さな努力で、お客様に不自由をかけることなく三〇パーセントのエネルギーを削減しました」とご夫妻は胸を張る。

ホテル・ヴィクトリアのモットーは、あくまでも宿泊客の快適さを最優先し、その上で最新のテクノロジーを駆使して無駄を省き、サービスの向上を目指し、しかも地球環境に配慮するものだった。

ヴィクトリアのお客の中で、ここがエコホテルだと知って宿泊している人は一〇パーセントほどだ。だが、エコの努力は陰でするものだと夫妻はいう。そんな努力が報われて、ヴィクトリアは数々の顕彰を受けてきた。とりわけ一九九七年と二〇〇〇年にはUNEP（国連環境計画）、アメックス、グリーングローブ、シェルが決定する「国際ホテル・レストラン協会」の世界第一位の栄誉に輝いた。

「今、私たちがやっていることは特別なことかも知れませんが、環境問題は避けて通れないグローバルな問題です。五～一〇年後には、こんなエコへの取り組みは一般的になっていることでしょう」とホテル業の未来を占なう。

次の目標は、エコに適ったエアコンの導入だという。

問合せ先

♣ホテル・ヴィクトリア（Hotel Victoria）
Eisenbahn Str. 54, 79098 Freiburg, Germany
Tel：+49–(0)761–20734413　Fax：+49–(0)761–20734444

www.victoria.bestwestern.de
spaeth@victoria.bestwestern.de

21 世界遺産と景観保護
イタリア　ウルビーノ

ルネサンスが息づく古都

ルネサンスの巨匠ラファエロや建築家のブラマンテを生んだ古都、ウルビーノ。息をハアハア切らしながら急勾配の「ラファエロ通り」を上ってゆくと、坂の途中にルネサンスの天才が産声をあげ一四歳まで過ごしたという生家がひっそりたたずんでいる。

記録によれば、ラファエロは一四八三年の聖金曜日の午前三時頃、画家ジョバンニ・サンティの息子として生まれたというから、この赤茶けたレンガ造りの家はすでに五〇〇年以上の風雪に耐えてきたことになる。

だが古のウルビーノは、すでにラファエロに遡る約三〇〇年前の一二世紀にモンテフェルトロ公爵家によって治められ、その後一五世紀には、フェデリコ公とその息子のグイドバルド公が善政を敷き、芸術を擁護したことで、人間復興の大輪が開花したと歴史に記されている。

その華やかなりし時代を今に伝えているのが、〝古都の顔〟ともいうべきドゥカーレ宮殿である。

急な坂道のラファエロ通り

一五世紀のルネサンス様式で、高い二本の塔をもつこの宮殿は、かつての領主モンテフェルトロ家の居城で、今はマルケ国立美術館として一般に公開されている。ドゥカーレ宮殿を正面にして、右手に壮麗なドゥオモ（教会）が隣接し、左手には由緒あるウルビーノ大学が位置する。人口わずか一万五〇〇〇人ほどのウルビーノ市は、人口を上回る二万人の学生が近隣から通う学生の街でもあるのだ。

また、宮殿と教会を中心とする南北一キロメートル、東西〇・五キロメートルほどの細長いエリアは歴史地区と呼ばれ、ここは一九九八年にユネスコから世界遺産に指定された。

ユネスコ世界遺産

ユネスコによると、「世界遺産とは、現代に生きる世界のすべての人々が共有し、未来の世代に引き継いでゆくべき人類共通の宝物」であり、これには、①優れた普遍的価値をもつ建築物や遺跡を対象とする文化遺産、②優れた価値をもつ地形、生物、景観などを対象とする自然遺産、③文化と自然の両方の要素を対象とする複合遺産、の三つのカテゴリーがある。

この中で最も件数が多いのが文化遺産で、左記にその六つの基準をそのまま紹介してみる。世界遺産に認定されるには、このうち一つ以上の条件を満たす必要がある。

①人間の創造的才能を表わす傑作であること。

②ある期間、あるいは世界のある文化圏において、建築物・技術・記念碑・都市計画・景観設計の発展において、人類の価値の重要な分流を示していること。

③現存する、あるいはすでに消滅してしまった文化的伝統や文明に関する独特な、あるいは稀な証拠を示していること。
④人類の重要な段階を物語る建築様式、あるいは建築的・技術的な集合体、あるいは景観に関する優れた見本であること。
⑤ある文化を特徴づけるような人類の伝統的集落や土地利用の優れた例であること。特に抗しきれない歴史の流れによって存続が危うくなっていること。
⑥顕著で普遍的な価値をもつ出来事、生きた伝統、思想、信仰、芸術作品、あるいは文学的作品と直接または明白な関連があること。

二〇〇七年七月のユネスコのリストでは、世界一八〇ヶ国で八五一の世界遺産（文化遺産六六〇、自然遺産一六六、複合遺産二五）が認定されている。

このうちイタリアは、ウルビーノの歴史地区をはじめ、フィレンツェ歴史地区、ピサのドゥオモ広場、ベネツィアとその潟、ナポリ歴史地区、ポンペイの遺跡など、合計四一の世界遺産を有し、まさに世界遺産の宝庫と呼ぶのにふさわしい。

屋外広告物条例と景観保護法

イタリアを訪ねていつも思うのが、ローマやミラノのような大都市でも、ゴチャゴチャした派手な看板を目にすることはあまりなく、街全体が非常にすっきりしていて、統一された美しさを醸し出していることだ。それに比べて、東京は、街全体が巨大な広告塔と化し、景観にはいっさいお構いなしで、他より目立とうとする自己顕示欲の強い看板が競い合っている。

世界各地のメインストリートをほぼ占拠してしまったかのようなマクドナルドの赤と黄色の看板でさえ、イタリアでは場所によってシックなゴールドカラーに塗られ、どこか控え目である。それもそのはず。イタリアでは早くも一九六〇年末から七〇年代の始めにかけて、厳しい屋外広告物条例が制定されたからだ。この条例によって、都市部のすべての通りが一級～四級までに分類され、どこにどのような看板を出したらよいか、詳細に規制されるようになった。

例えば、広告が最も制限される一級通りの壁面には、店名さえ掲げることが許可されないといった徹底ぶりで、通りの等級によって看板の大きさや位置、ショーウィンドウの設置場所などが制限されている。

また、看板の素材は大理石もしくはブロンズと決められた。夜間にライトアップしたい場合は、直接看板を照らすことが禁じられ、それに代わってブロンズ製の看板の裏に小さな電球を取りつけることが義務づけられた。

さらに建物の壁の色は、すべて昔ながらの伝統色に統一され、このほか壁に掛かるランプのデザインや電球の種類・色に至るまで、実に詳細に規定されている。

イタリアの歴史地区を歩いているだけで、どこか心が和むのは、そういった厳しい条例の賜物なのだ。また、この国を訪ねていつも感じるのが、由緒ある建造物に限らず、一つひとつは特に名もない古い建物が一体となって、全体として歴史にマッチした美しい景観を作り出しているということだ。

その背景として、すでに一九四〇年の終わりに唱えられた「都市の保存」という概念は見逃せない。日本では今も、寺院など個別の建物である「文化財の保存」が主な目的であるのに対し、これは集合体としての街をひっくるめて保存しようという大胆な発想だ。

例えば京都には、国・府・市が指定した約四〇〇の文化財があるが、その大半は社寺仏閣で、町家の指定は二〇件ほどだ。同様にローマの歴史地区にも歴史的に価値ある約四〇〇の文化的建造物があるが、これ以外にも観光名所でない一般の約四〇〇〇の古い建物があり、景観保護にはこれらをまとめて修復する必要があるという考えだ。

またイタリアでは、景観を保護する法律として、一九三九年に「文化財保護法」と「自然美保護法」が制定された。この二つの法律は、歴史的価値や芸術的価値を有する建物や公園を特定して保護を義務づけたが、一方、法律で特定していない地域での景観を損なう開発を許すこととなり、十分ではなかった。

その後、一九六七年には歴史地区を保存しようとする国民的な運動が起こり、すべての自治体で歴史地区の保存を義務づける「都市計画法改訂措置法」が定められた。この法律により建築許可は厳格化され、不当な建設に対する制裁が強化された。

さらに一九八五年に「ガラッソ法」が制定され、自然環境の保全と歴史的建造物保護のために、すべての州に景観計画の策定を義務づけ、同時に建設行為を一時中止できる権限を付与した。各州は景観計画にそってマスタープランを策定し、歴史的建造物が集中する歴史地区を指定し、これに基づいて地区内の建築工事に対して厳重な規制を行うことができるようになった。

レンガ色のドゥカーレ宮殿

ウルビーノの都市計画

この日、ドゥカーレ宮殿の前のカフェで待ち合わせた高名な建築家のスパダ氏は、第二次大戦後イタリアで最初に建築保護を始めたデカーロ博士の弟子である。スパダ氏は、本業の建築の他、ウルビーノの都市計画に関する講演を積極的に開催してきた。

「この街の住居費は高額です。中心街では一ベッドが三〇〇ユーロ（約五万円）もします。これ以上、ここで暮らすことはできません」と氏はいう。

一九六〇～七〇年にかけてイタリアでは、街中をまるごと公営住宅として建て替える「社会保存」とよばれる建築計画が実施された。これはおもに市が用地を買収して、修復可能な建物は修復し、不可能なものは建て替えるというものだ。その際、歴史ある街並みを保存するためティポロジア（類型学）という民家調査が行われ、建築された時代を解読し、その当時の建築様式にかなった方法で修復・改築してきた。

しかし、行政が主体となって古い建築物を整理整頓し、新たにできたアパートに入居者を募ってゆく〝ボローニャ方式〟は、この計画がやっと緒についた一九七〇〜八〇年代に早くも破綻しはじめた。というのは、ちょうどこの頃から都心の地価が急騰し、一般庶民は引越しを余儀なくされ、かわりに高額所得者や店舗が都心を占拠する現象が至るところで顕著になったからだ。

「ウルビーノは変化しなければいけません。しかし、今は変化することさえ許されません。だからこそ保存と建設を両立させなければならないのです」。そのため、スパダ氏は周辺地域を含めた開発にとりくんでいる。

「街の未来は大学にある」との信念をもつ氏は、現在、ウルビーノ近郊の人口七〇〇〇人の風光明媚なカバリーノ村に五〇〇〇人収容可能な学生ビルを建設中だ。

また、旧市街の都市計画に関してスパダ氏は、城砦に囲まれたウルビーノの町の周辺に、もっとたくさんのパーキングを作ったり、駅・バス停・パーキングから丘の上の旧市街までリフトを活用するプランを提案している。そのほか新たに公園を造ったり、郊外の町々をつなぐ鉄道・バスの交通手段を復活させることも市に交渉している。

「時に相対する自然と歴史、そして人間の営みをうまく共存させることが私の建築学の目的です」。そのスパダ氏の短い言葉の中に、今後、現代建築が向かう方向性が示唆されているように思えた。

☏問合せ先

♣ウルビーノのツーリストインフォメーション

P. z Duca Federico1, Urbino, Italy

Tel：+39-0722-2623

22

エコデザインをサポートする

ドイツ　シュトゥットガルト

環境志向のデザイン

二〇世紀後半は大量生産、大量消費、大量廃棄の時代だった。そのためデザインも、主に経済活動をサポートする目的と役割を担わされてきた。ところが、一九九二年のリオデジャネイロ環境サミットを機に、人類は、地球資源は枯渇してしまう有限なもの、早急に持続可能な社会を築かなければ手遅れになってしまう、と気づきはじめた。

そのため、最近ではデザインの世界でも、「エコデザイン」、「サステイナブルデザイン」という言葉が聞かれるようになった。デザインも循環の環境理念に根ざし、環境負荷の軽減をはかり、美と利の価値を創造しようというものだ。

ヨーロッパではデザインの振興を目的にいくつかの団体が賞を設けているが、その中で「バーデン・ヴュルテンベルク州国際デザイン賞」はデザイナーの登竜門ともいえる賞である。

ソーラーパワーユニット（＊写真協力：デザインセンター・シュトゥットガルト）

バーデン・ヴュルテンベルク州国際デザイン賞

バーデン・ヴュルテンベルク州はドイツ南部に位置し、州都のシュトゥットガルトは環境意識の高い大都市として知られる。ここには、高級車ベンツを生産する巨大企業ダイムラー社の本社がある。同社でも、この一五年間毎年エコレポートを発表し、環境改善に努力してきた。

一方、デザインセンター・シュトゥットガルトは中小企業をサポートするため、一九五三年に設立された州立のデザインセンターである。この日、同センターを訪ね、PR担当のサビーネ・レンクさんに話を伺った。

一般にドイツの中小企業は優れた技術力をもつが、高い品質に比べてデザインは、一歩遅れをとっていた。そのため同センターは、州内の中小企業に、工業用デザイン、CM用デザイン、グラフィックデザインなど幅広くアドバイスすることで、デザイン力アップに貢献する。

同センターでは、一九九一年に「バーデン・ヴュルテンベルク州国際デザイン賞」を設置。以後、毎年、製品化二年以内の商品を対象に、その中から斬新で優れたデザインを顕彰することで、中小企業やデザイナーの育成に努めてきた。出展料も一二〇ユーロ（約二万円）と低く抑えることで、広く門戸を開いている。毎年、ドイツを中心に三〇〇〜四〇〇点が出品されるが、この中には欧州近隣諸国のほか、日本からの応募者も増えている。

部門は、①製品・組み立て・分配、②医療・リハビリ、高齢者医学、③設備技術・操作、④バスルーム・衛生設備、⑤台所・家庭、⑥インテリア、⑦雰囲気、⑧照明、⑨コミュニケーション・光学機器、⑩建築・公共の場、展示、⑪輸送・交通、⑫レジャー、アウトドア、と多岐にわたる。

また、毎年異なるテーマを課すのが同賞の特色で、二〇〇二年が「生命芸術」、二〇〇三年が「バランス」、二〇〇四年が「対話」、二〇〇五年が「ノウハウ」だった。そして、二〇〇六年のテーマは「エネルギー」。三二八点の作品から、金賞九点、銀賞七五点、計八五点に賞が贈られた。

受賞作品は九週間展示され、インターネットでも紹介。催し物や会議に訪れる財界人の目に留まり、道が開けることもある。また、受賞作品には当デザインセンターのロゴの使用が認められる。

「今年も、環境志向のたくさんの優れたデザインが寄せられました」。レンクさんはデザインの美しさ、斬新性、機能性のほか、再生エネルギーの利用、材料の質、稼動時のエネルギー消費量、CO_2削減、廃棄処分の難易度も審査基準となったと説明する。これに加えて、環境的理念の厚薄、環境に対するエネルギッシュなイメージの打ち出し、それを使う者に喜びをもたらすような作品が評価されたという。

「エネルギー」の受賞作品

金賞受賞作品は力作ぞろいで、ほとんどの判定基準をクリアーしているが、ここではそのうちいくつかの作品を紹介する。

風力発電機

この小型風力発電機には出力六・〇キロワットと七・五キロワットの二種があり、年間五〇〇〇〜一万二〇〇〇キロワット時のエネルギーを生み出す。主に農家や小規模工場のほか、発展途上国の村落で使用するのに適しており、取り付けも簡単で、三人の人手があれば一日で設置できる。

この作品は、見た目の美しさに加えて、〝軽い〟ことがデザイン上、大切な要素として評価された。すなわち、コスト・製造・輸送・取り付け・廃棄において、軽さはエコデザインの重要な価値とされたのである。

また、嵐のような強風の日でも、時速二五〇キロで翼が回転するよう制御され、常に安定したエネルギーを供給できる高い技術力も受賞理由とされた。

粉塵収集装置つきドリル

日本ではあまり見かけないが、ヨーロッパでは自分で家を造る器用な人は少なくない。そんな社会では、建設業者でなくても、電気ドリルは必需品。だが、これまで壁の穴開けは、ドリルで作業する人と、飛び散ったレンガの粉塵を取り除く人のふたり作業だった。

ところがこのドリルは、備付けのヴァキューム（特許取得）が、穴を開けるそばから粉塵を自動で吸い込んでくれる。ふたりの仕事をひとりでこなせる画期的なドリルは、まさに人的エネルギーを五〇パーセント削減した。

また、透明なプラスチック製のダストレシーバーは、中にたまった塵が一目瞭然。しかも、少ない電力で非常にパワフル。何度でも充電可能なところも高く評価された。

エネルギー教育用おもちゃ

学校教育用のこのおもちゃは、生徒の自然エネルギーへの関心を促すため、実験用に製作された。子どもたちは風力発電や太陽光発電から作った電気で、ラジオ、ウォークマン、レゴのモーターを動かすことができる。

また、モデルハウスの照明、電子調理器、洗濯機を使用しながら、長短・直流・交流の電気について理解を深める。まさに遊び感覚で、抵抗なくエネルギーについて学べる装置と、その科学的探究心をそそるデザインが賞賛された。

ソーラーパワーユニット

ソーラーパワーユニット〝サンセット〟は、太陽光の利用により戸外で電力が使用できる。季節と天候によって、一・五〜一二ボルトの電力を供給。アラームシステム、ラジオ、ポータブルテレビのほか、冷蔵庫、緊急医療装置にも利用できるため、キャンプや災害の緊急時に威力を発揮する。

さて、二〇〇八年の国際デザイン賞のテーマは、「グリーン」。すでに三月二〇日で応募が打ちきられ、あとは一〇月一七日の発表を待つだけだ。

「今日、デザインは環境にやさしいものでなければなりません。しかも、エコデザインには、エネルギーや資源の削減、確かな素材、インテリジェンス、リノベーション、美も大切な要素です」レンクさんは、従来の簡素でシンプルなデザインから、真の意味でエコと美が両立したデザインが求められているという。

〒問合せ先

♣デザインセンター・シュトゥットガルト（Design Center Stuttgart）

Willi-Bleicher Str. 19, 70174 Stuttgart, Germany

Tel：+49-(0)711-1232570　　Fax：+49-(0)711-1232577

www.design-center.de

第6章　その他、企業・団体

23 持続可能な社会をめざす銀行

ドイツ　ボッフム

倒産したエコバンク

「エコバンク」という言葉をはじめて耳にする人が、ある種の戸惑いと好奇心を感じるのは、「環境」と「銀行」という二つの語句の間に関連性をイメージできないからかもしれない。

だが、エコロジー銀行の歴史はそう新しいものでなく、産業革命後のイギリスにその原型を求めることができる。当時、急速な工業化によって無秩序な都市化が進み、調和ある建物の美観や自然が損なわれてしまった。一八九五年、その保護を目的として設立された「ナショナル・トラスト」という寄付型の非営利財団がそれである。

その後一世紀が過ぎて、「エコバンク」が欧州の金融の中心、ドイツに誕生。一九八八年、ある平和団体が自己資金六〇〇万ドイツマルク（当時、約四億三二〇〇万円）を元手に設立したものだった。

エコバンクは、環境・社会福祉を助成する企業に融資する一方、環境破壊・環境に悪影響を与える企業や軍需関連企業にはいっさい融資しないことで、資金面から環境に貢献しようと新たな挑戦を開始した。

具体的には太陽光発電、風力発電などのグリーンエネルギープロジェクト、有機農家、社会福祉施設などに、積極的に融資を行った。

エコバンクの活動は、日本のマスコミにも大きく紹介され、その成功を受けて永代信用組合とプレス・オールタナーティブが提携し、一九八九年に「市民バンク」の発足をみる。

その後一九九九年、日興證券が企業の優れた環境対策と業績を銘柄選定の基準とした日本初のSRI型（社会的責任投資）金融商品「エコファンド」を商品化したことで話題となった。

しかし、それから間もない二〇〇〇年三月、エコバンクは多額の不良債権をかかえて破産に追い込まれてしまったことは案外知られていない。

二〇〇三年、ついにエコバンクは同業のGLS協同銀行に吸収合併される。エコバンクが破産した理由、GLS協同銀行の現状を調査するため、ボッフム市にある本社へと向かった。

GLSがエコバンクを吸収

ボッフムはドイツ北西部に位置し、多くの日本企業が集まるデュッセルドルフ市近郊にある小さな町だ。

最近、同じ通りから引っ越してきたばかりだという真新しい社屋の外壁にかかる大きな垂れ幕が目を引く。そこには、たくさんのモットーが箇条書きに書き連ねてある。

そのいくつかを紹介しただけで、この銀行が普通の銀行とはちょっと違う環境・経済哲学に裏付けられた銀行であることが、容易に想像できる。

「お金は私たちといっしょに何ができるか……」「お金は海水と同じ。飲めば飲むほど、のどが渇く」「お金は美を創造する。お金は精神の実現者だ」「金持ちは、時にたくさんのお金をもった貧乏人に過ぎない」……と、こんな調子だ。

受付を済ませると、クールビズ姿の若々しい広報部長のリュッツェル氏が、広い会議室へと案内してくれた。

まず、GLS協同銀行の歴史と、なぜ本社がボッフムにあるのかを尋ねてみた。

事の起こりは、この土地の名士で後に銀行の設立者となったバルコフ氏に市民が学校設立を嘆願したことだった。銀行から学校設立のための資金を融資できなかったため、一九六一年に「地域のための信託協会」という市民団体を発足。その後、一九七四年にこの協会はGLS協同銀行へと発展。ちなみにGLSとは、「社会・貸与・寄付」というドイツ語の頭文字をとった略称である。

現在、ボッフム本社のほか、フランクフルト、ハンブルク、シュトゥットガルト、フライブルクに支店があり、合計一八〇人のスタッフが勤務する。

また、GLS銀行グループは、GLS協同銀行を中心に、社会の発展に寄与する異なる一二六のファンドと六つの基金を有する信託部門の「地域のための信託協会」、さらに持続可能なエネルギー資源、環境プロジェクト、小口融資を目的とするGLS出資株式会社の三つの部門からなる。

リュッツェル氏によると、現在、GLS協同銀行の顧客は五万人を突破し、ますます増加傾向にあるという。ドイツの人口八二〇〇万のうち九〇〇～一〇〇〇万人がエコに興味をもち、この中にはロハス的なエコライフを送っている人もかなりの数に上る、との調査を踏まえての予測だ。

その原因として、すでに三〇年ほど前から知られるようになった自然食品が、いまドイツで大きなブームを迎え、一般にエコの考え方が定着し、お金にも浸透しつつあるようだ。

GLS銀行の決算総額は、一九九五年が約一億ユーロ（約一六七億円）、二〇〇〇年には二億ユーロ（約三三四億円）を越え、二〇〇五年には七億ユーロ（約一一六九億円）を突破。二〇〇八年は、八億ユーロ（約一三三六億円）を超える勢いだ。その急成長のターニングポイントとなったのは、やはりエコバンクを吸収した二〇〇三年であった。

ここでエコバンク倒産の理由を尋ねると、リュッツェル氏は、理想主義を経営理念に掲げる一方、銀行業務のノウハウが不十分であったこと、融資の決定に甘さがあったことをあげた。

一九九九年、貸付先の事業の安全性や将来性に疑問がありながらも大きな融資を行った結果、融資先が借入金を支払えなくなり、翌年一五〇〇万ユーロ（約二五億五〇〇万円）の赤字を出してしまった。

ついに二〇〇三年三月、エコバンクは経営危機に陥り、GLS協同銀行に経営統合を申し入れた。それを受けてGLS協同銀行側が調査をしたところ、ずさんな融資状況に加えて、経営・監査・融資の管理システムにも問題があることが判明し、合併を思いとどまった。

その後、エコバンクはDAG（銀行を立て直す会社）に引き継がれ、DAG経由でGLS協同銀行はエコバンクの不良債権を除く三分の二の債権と一万八〇〇〇人の組合員及び一〇〇パーセントの預金を引き継いで、自己資本四億二三〇〇万ユーロ（約七〇六億四〇〇〇万円）のドイツ最大の倫理・エコロジーバンクに生まれ変わった。

独自の貸し付け　三つの具体例

「通常の投資においては、安全性、収益性、換金性が求められますが、ここには中間利用の問題が欠如しています」とリュッツェル氏は指摘する。

GLS協同銀行の組合員や顧客は、投資したお金がどのように使われ、どこから利益を得ているかを知ることこそ大切なのだ、と考えている。なぜなら、自分が預けたお金が環境の破壊、武器の製造、あるいは子どもや女性に不当労働を強いる第三国の企業を支援していることもありうるからだ。

このため、GLS協同銀行では透明性を第一とし、機関紙「バンクシュピーゲル」に預金がどのように使用されたか、その融資先と融資額が委細もらさず掲載される。また、顧客は銀行口座をひらく際に、環境、教育、医療、職業訓練、住居など、自分のお金の使途について希望を記入できる。環境・社会・文化といった分野に融資する際、GLS協同銀行では同時にプロジェクトの持続性というポイントも重視する。

ここでGLS協同銀行の融資先をみると、当行の目的がさらにはっきりしてくる。

二〇〇五年の融資総額（三五五一件）は三億一八〇〇万ユーロ（約五三一億円）で、その内訳は住宅プロジェクト（一九・七パーセント）、障害者教育と社会療法（一五・六パーセント）、農場・

森林での子供の環境教育（一二・八パーセント）、持続可能なエネルギー（一一・三パーセント）、ソーラーパネルの住宅設置（九・〇パーセント）、芸術・文化（七・三パーセント）、ビジネス投資（六・七パーセント）、高齢者の健康施設・診療（五・八パーセント）、エコ農場（五・六パーセント）、その他（六・一パーセント）となっている。

さらに融資に当たっては、一億ユーロを費やして開発したレーティングシステム（融資の等級付け）もさることながら、非常にユニークな独自の貸付方法が採用されている。氏は左記の三つの具体例をあげてわかりやすく説明してくれた。

①エコ農家が牛舎を建築するため、一〇万ユーロを必要としているケース。通常の銀行は家を担保として融資するが、ＧＬＳ協同銀行では、エコ農家が今後、長い間エコ農業に従事することを担

GLS 銀行本社の屋根に設置したソーラーパネル

身寄りのない老人の施設「クルストファー・ハウス」

保とし、五万ユーロを融資し、残りの五万ユーロを寄付とすることもある。
②五〇軒の家が共同で幼稚園を作るのに三〇万ユーロを必要としているケース。五〇軒の両親、計一〇〇人が月々五〇ユーロを五年間保証金として支払えば、早期に全額融資する。
③一人のアーティストが、一〇万ユーロかかるプロジェクトの融資相談にくるケース。通常の銀行からは融資は期待できないが、その目的が環境や社会活動であれば、五〇人の保証人を見つけてもらい、プロジェクトに失敗した場合は、各人が二〇〇〇ユーロの保証金を支払う契約で融資することもある。

GLS協同銀行が、通常では不可能な融資を可能としているのは、ひとえにGLSの目的に賛同する多くの預金者が、自らの意思で利息をすべて放棄しているからだ。預金者や組合員は、GLSを通して環境や社会に貢献しているという大きな自負と喜びをもっている。このような会員、顧客、機関紙の定期購読者、助成者の合計は、すでに三〇〇万人を越えている。

一方、日本のエコファンドは、最終的には株式投資であるため、企業に資金が流れ、環境が直接改善されることはあまり期待できない。また、環境それ自体より、高い配当に興味をもった投資家が多いことも事実である。

日本での環境と経済の関係性は、どうしても経済が主で環境が従。近年は環境重視のエコファンドが数種出て来たようだが、残念ながら、まだ経済が環境を利用した形にとどまってしまうのは、日本人の環境意識がまだまだドイツ人に追いつかないからだろう。

「五〇〇万人の目覚めた顧客がいれば、経済から人間重視の社会システムに変革できるのです。

ＧＬＳはそれを可能にする未来の銀行です」。そう力強く語るリュッツェル氏がまぶしく見えた。

問合せ先

♣GLS Gemeinschaftsbank eG
Christ Str. 9, 44789 Bochum, Germany
Tel：+49-(0)234-5797178　Fax：+49-(0)234-5797157
www.gls.de

24 環境に優しいプラスチックメーカー

イタリア　ノヴァーラ

少女の頃の夢を実現

ミラノから、オリンピックですっかり有名になったトリノへ向かう途中、ノヴァーラという、人口一〇万ほどのしっとりと落ちついた歴史を感じさせる町がある。

この日、先進的なバイオプラスチック技術で世界をリードする女性化学者カティア・バスティオリ博士を取材するため、この街の郊外にあるノヴァモント社を訪ねた。

ノヴァモント社は、一九九〇年に設立された比較的新しい会社だが、ニトロゲンの研究で名高いジャコモ・ファウセル博士が二〇世紀初頭に設立したモンテカティニ社（現モンテディソン社）を起源とする。一九六三年、この会社で研究していたジュリオ・ナッタ博士がポリプロピレンの発見でノーベル化学賞を受賞したことも、広く知られている。

ノヴァモント社は「生活の質を追求する生きた化学」をモットーに掲げ、農業と環境と化学を結びつけることを企業理念に据える。

これまでバイオプラスチックの商品開発に八二〇〇万ユーロ（約一三六億四〇〇〇万円）の研究費を投じ、今も売上げ額の一〇パーセント以上を研究費に充てている。その結果、従業員約一〇〇名のこの会社は、年間三万五〇〇〇トンのバイオプラスチックを販売し、年商三〇〇〇万ユーロ（約五〇億一〇〇〇万円）を稼ぎ出すまでに成長した。バイオプラスチック先進国である日本の大手企業でも、年間の製造量は数千トンほどである。

さて、ノヴァモント社にたどり着くと、カティア博士は、朝から始まったもう一件のマスコミの取材をちょうど終えたところだった。

「赤ちゃんの頃から化学者になるのを夢見ていたの」。こういってほほえむ博士は、一〇歳のときに父親が人形を買うようにとくれたお小遣いで、こっそり化学の本を買って読みふけっていたという。ある日、その化学が地球環境を破壊していることを知って彼女は大きなショックを受け、逆に化学の力で地球を守ろうと決意する。

カティア・バスティオリ博士

やがて、欧州最古のボローニャ大学に次ぐイタリア第二の歴史を誇るペルージャ大学で学位を取得すると、世界中から優秀な人材が集まるモンテカティニ社の多国籍研究所（Guido Donegani Institute）に勤務。その後、六人でチームを組んで、農業化学プロジェクトの研究に没頭した。

研究から三年を経た一九八九年、ついにバイオプラスチック「マタービー」（Mater-Bi）の開発に成功。翌年には商業生産を開始し、研究者仲間といっしょにノヴァモント社を設立するに至った。

バイオプラスチックの特性

バイオプラスチックとは、生分解性プラスチックの欧州における呼称で、通常、日本では通産省が一般公募した「グリーンプラ」という愛称で呼ばれている。

当時の小泉首相自らが出演した愛・地球博のテレビコマーシャルで「プラスチックが土に還る」というコピーが注目を集め、実際、万博会場でグリーンプラを使った大量の使い捨てコップやプレートが使われたことで、日本の国民にも環境に優しいプラスチックの存在がようやく意識し始めたように思われる。

完全分解型のバイオプラスチックは大きく分けると、微生物産出系、天然高分子系、化学合成系の三つに分類され、さらに化学合成系にはでんぷんなど天然物由来のものと、石油など化石燃料由来の二種類がある。

ノヴァモント社のマタービーは、主に飼料用トウモロコシ・小麦・じゃがいものでんぷんを、化学的に変性・混合処理した天然高分子系のバイオプラスチックに当たる。このほか天然高分子系には、タンパク質、セルロース、キトサンを原料とするものもある。

一般にマタービーのようなでんぷん系のバイオプラスチックは、黄色みを帯びた半透明の湿り気のある半硬質系の粒状をしている。水分量は可塑剤としての重要な役割があり、グレードによって異なる。原料には酢酸臭が漂うが、プラスチックの形成の段になると餅を焼いたような香ばしい臭いに変わる。

また、マタービーなどのバイオプラスチックには、左記のような特性がある。

①カーボンニュートラル

バイオプラスチックは土中でまず酵素によって分解され、その後さらに微生物の力で水とCO_2に完全に分解される。この際、放出されるCO_2は、もともと原料となる植物が光合成によって大気中から吸収したものであるため、化石燃料の燃焼による排出とは異なり、地球全体のCO_2の絶対量を増加することにはならない。また、埋め立てによる土地への悪影響はないとされる。

②低い燃焼カロリー

特に高温焼却炉が整備される以前は、ポリエチレンの燃焼熱が低いということで、自治体のゴミ袋やコンビニの袋はポリエチレン製、もしくはこれに不燃性の炭酸カルシウムを混合した素材を使用してきた。

ポリエチレンの袋が燃焼するときには一キログラム当たり一万一〇〇〇カロリーの熱量が発生するのに対し、バイオプラスチック素材は紙と同程度の四〇〇〇～七〇〇〇カロリーとさらに低い。しかも、燃焼時の熱が低いことから、バイオプラスチックは焼却炉を痛めないという特性をもつ。

焼却する際にはダイオキシンなどの有害物資はいっさい放出されないので安心できる。

③成形性（加工性）

特にマタービーに代表される天然高分子系のバイオプラスチックは、成形性に優れるという特徴をもつ。しかも、石油を原料とする汎用プラスチック用の既存の設備をそのまま利用できるメリットがある。また、石油系プラスチックと同様にインクが乗るため、印刷にも適している。

④コンポスト中で素早く分解

銘柄によって個体差はあるが、通常、バイオプラスチックはフィルム状のもので数週間から数ヶ月、数ミリ程度の板状のものは一年から数年で分解される。しかし、コンポストの中では、この数倍から数十倍のスピードで分解が加速される。

東京都産業技術研究所の報告によると、異なる六つの銘柄のバイオプラスチックを土壌に埋めて分解を測定したところ、マタービーは外観、質量ともに最も大きな反応を示し、二〇ヶ月で質量が五〇パーセントほどに激減したという。

⑤高いコスト

現状ではバイオプラスチックの使用量は、汎用プラスチック全体のわずか〇・一パーセント程度に過ぎない。ポリエステルの価格が一キログラム当たり約一〇〇円であるのに対し、六〇〇～一〇〇〇円と割高なため、なかなか商業ベースに乗らないのが実情だ。その中では、でんぷん系バイオプラスチックのマタービーは、最も安価である。

それでも最近では、AV機器、CD、ノートパソコン、自動車部品にも使われ、バイオプラスチックの使用量は増加傾向にある。

マタービーの商品化

ノヴァモント社では原料としてのマタービーの製造のほか、様々な製品をクリエイトしている。代表的な商品にはボールペンをはじめ、ファストフードやキャンプ用の使い捨てのコップ・プレート・ナイフ・フォークのほか、ティッシュペーパー・トイレットペーパーなどの外包装フィルム材、果物や生鮮食料品のトレーやネット、梱包用の発砲スチロールに代わる緩衝材などがある。

このほかヒット商品には、プネオ（ＰＮＥＯ）と呼ばれる「呼吸する」コンポストバッグがある。このコンポストバッグは水は通さないが、水蒸気を蒸発させる性質があるため、生ゴミの嫌な臭い

マタービー素材の子ども用粘土。誤って食べても無害

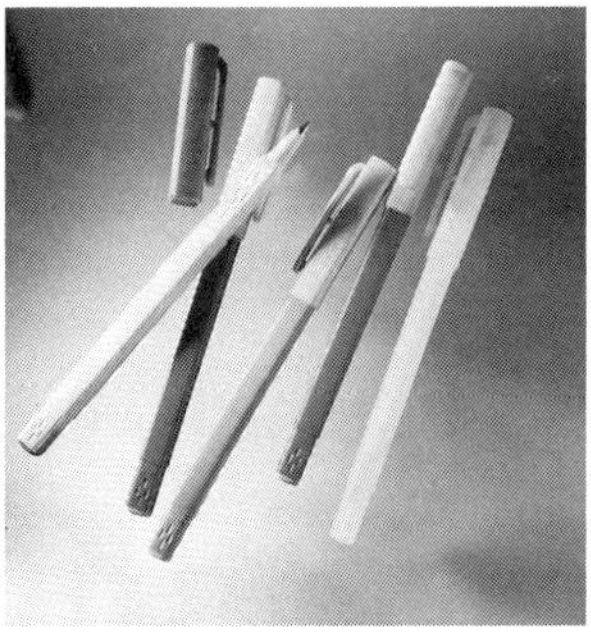

エコボールペンは，初期の代表的な製品

野菜や果物が長持ちする食品包装用フィルム（＊写真協力：ノヴァモント）

がなくなり、一週間でゴミの体積も半減する。このバッグの開発により、家庭のゴミを出す手間や自治体のゴミ処理負担が大幅に軽減された。

現在、欧州を中心に一五〇〇万の人々がプネオを利用し、同社は約一〇〇〇の自治体と繋がりがあるが、このうちベネツィアでは二〇〇三年から市が予算を投じて、これを全市民に配り、生ゴミから作ったたい肥を販売するプロジェクトに着手している。また、ノルウェーではプネオの使用によって、ゴミ処理の費用が一五パーセント削減したという報告もある。

なお、ノヴァモント社ではポリエチレン製のバッグと比較した場合、袋一枚で二六グラムのCO$_2$を削減するとのデータを公表している。

また、この通気性を利用した商品には紙おむつや生理用品、農業用のマルチネットなどがある。さらにグッドイヤー社との共同研究により、ゴムを強化し、回転時の抵抗を少なくしたタイヤの商品化を実現するなど、マタービーを使った新たな商品開発に意欲を示している。

化学とは価値創造

「化学がいつも環境に害を及ぼすとは思いません」。結局のところ、人間がいかに化学や技術を使うかにかかっているのだ、とカティア博士は語る。

また、「現代は、経済に人間が搾取されています」。そう主張するカティア博士は、化学を誤まって使ってはいけない、利益のみを追求するのではなく人間中心の時代に戻さなくてはならないと訴える。そしてさらに、「私たちは、非常にエゴの強い社会に生きています。人々は共生しなければなりません。化学を知り、ルールを知らなければなりません」と警鐘を鳴らしている。

博士は動物の飼料を例に上げて、仮に会社が誤まった利益追求の結果、飼料の中に不純物を混入させたとしたら、これがもとで地球環境を損なう可能性もあると指摘する。だからこそ、もっとグローバルに考えなければならないのだという。

博士が目指すのは人間を中心に据えた社会。もらうばかりでなく、他者に与えてゆく社会である。そういった意味で、世界のモデルとなる新たな会社を作るのも博士の夢だ。

「私にとって化学とは、価値を創造することなのです」。その言葉には、幼い頃から化学を愛し、まっすぐ走り続けてきた博士の生き方が凝縮されているように思えた。

☎問合せ先
♣ Novamont S.P.A.
Via G. Fauser 8, 28100 Novara, Italy
Tel：+39–0321–699602/606　Fax：+39–0321–699600
info@novamont.com
www.novamont.com

25 デンソーの人と地球に優しい車作り

ハンガリー　セーケシュフェヘールヴァール

旧東欧の優等生

ＥＵに加盟して、はや四年。ハンガリーは、旧東欧諸国の中で優等生としての地位を確立した観がある。市内はもちろん、最近は郊外に大型店が立ち並び、かつての共産主義の面影を見つけるのは難しい。

また、国民の平均賃金は、多くの外国企業が参入したこともあって、一〇年前に比べると二、三倍の約五五〇ユーロ（約九万一八五〇円）に上昇。これは、国の税制を優遇した積極的な外国企業誘致政策に対して、外国企業が〝中欧〟という立地条件と、労働者の比較的高い教育水準を評価したことが大きな理由であると考えられる。

ＥＵ域内では国境を越えて人とモノの移動が自由になったことで、人件費の安い旧東欧のハンガリーをはじめ、チェコ、ポーランドに工場を移転する企業が増加し、特に隣接するドイツでは、それが大きな社会問題となって久しい。

2004年度のＥＵ環境賞に輝く

ＤＭＨＵがＥＵ環境大賞を受賞

この日、私が訪問したＤＭＨＵ（デンソー・マニュファクチュアリング・ハンガリー）は、首都ブダペストから南西に六〇キロメートルほど離れた、セーケシュフェヘールヴァールという人口一二万人ほどの市の郊外にある。

ちょっと舌を嚙みそうな長い名前のこの町の歴史をひもとくと、九世紀末にマジャール族の大首長アールパードが、ハンガリー最初の王朝をここに開いたのが始まりとされる。

その後、一一世紀にイシュトヴァーン一世が大聖堂を建造すると、歴代王の戴冠式が代々この町で執り行われるようになった。この町の名前が、ハンガリー語で〝玉座の白い城〟を意味するのはそんな歴史に由来する。

ＤＭＨＵは、二〇〇四年にＥＵから欧州環境大賞（マネージメント部門）を受賞したことで、欧州では環境優良企業として知られるようになった。

このほか、「ハンガリアンビジネス・リーダーフォーラム」からは二〇〇三年度のハンガリー環境賞、さらにセーケシュフェヘールヴァール市からも環境賞を受賞している。いずれもCO2の削減、コスト削減、ゼロエミッションの達成、環境教育を通しての社会貢献などが高く評価されたことによる。

さて、一九四九年にトヨタグループから自動車部品システムメーカーとして独立したデンソーグループは、「人と地球に優しく人々がうれしさを享受できるクルマ社会の実現に貢献する」とのメッセージを発し、世界三〇ヶ国・地域に一八〇社、一〇万人を越える社員を有する。二〇〇五年度のグループ全体の連結売上高は三兆円をこえ、巨大企業に成長した。

欧州にはイギリス、フランス、ベルギー、ドイツ、イタリア、スペインなど一二ヶ国に連結子会社三一社があり、このうちハンガリーのDMHUが欧州最大の工場である。

一九九七年に設立されたDMHUの工場には、現在三三〇〇人のハンガリー人が勤務し、ディーゼルエンジンの排ガスを浄化するコモンレールシステム（〇四年度の全製品における占有率七〇パーセント）のほか、燃料噴射用のV5ポンプ（同七パーセント）、小型・高速のエンジンバルブ開閉装置／VCT、D-VSV、EGR-V、ETC（同二三パーセント）といった製品を欧州のマーケットに向けて生産し、二〇〇五年は売上高三億ユーロ（約五〇一億円）の壁をついに破った。

エコマネジメント（**環境経営**）

グローバルなエコマネジメント（環境経営）の強化を目指すデンソーは、エコプロダクト（製品）、エコファクトリー（生産）、エコフレンドリー（コミュニケーション）の三つの分野で経営方針を明確に打ち出す。

まず第一のエコプロダクト（製品）の中では、同社の代表的な製品はディーゼルエンジンの排ガスを浄化するコモンレールシステムだ。

従来のディーゼルエンジンは、ＮＯｘ（窒素酸化物）を減少させるために燃料の燃やし方を変えるとＰＭ（スス）が増え、他方ＰＭを減らそうとするとＮＯｘが増加するという技術的に困難な問題があった。

二〇〇一年の欧州最大のフランクフルト・モーターショーで、デンソーのコモンレールシステムが業界に衝撃を与えたのは、まさにこの難問を解消したためだ。というのは、二〇〇五年までに達成すべき欧州排出ガス規制（ＰＭを〇・〇二五グラム／キロメートル、ＮＯｘを〇・二五グラム／キロメートル）をこの時点で、すでにクリアーしてしまったからだ。

部品受け入れ検査。超高圧される部品は，わずかな欠陥も見落とせない

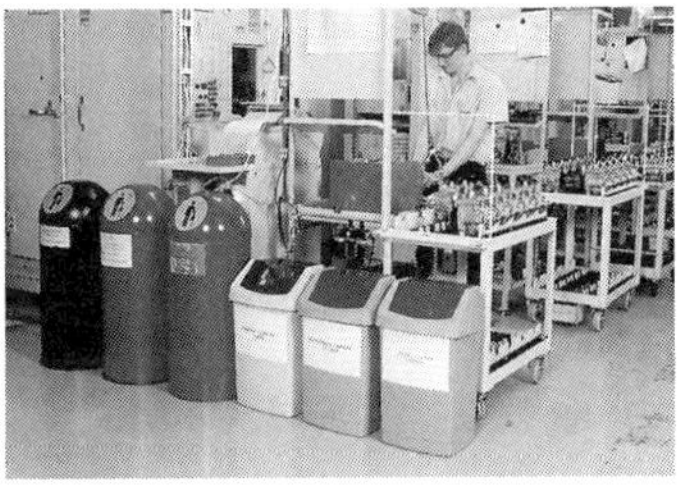
ゴミの仕分けが行き届いた工場内

服装をはじめ様々なルールを遵守する（＊写真協力：デンソー・ハンガリー）

取材に丁寧に応じてくれたDMHUの副社長の岩永氏は、八五年の入社以来、試作の段階から開発に携わってきた、いわばコモンレールシステムの生みの親である。

岩永氏にその仕組みを尋ねると、燃料に一万八〇〇〇メートルの深海と同じ圧力をかけ、PMが出ないように細かい霧状の噴射を行うと同時に、NOxが出ないように耳かき一杯ほどの燃料を一万分の四秒という目にもとまらぬ間隔で数回に分けてエンジンに吹き込むのだという。

現在、このコモンレールシステムはトヨタのカローラとアベンシス、日産のプリメーラとエクストレイル、マツダのアテンザ、オペルのメリーバなどに搭載されている。

また、地球温暖化の防止に役立つ製品にはVCTがある。これはエンジンのバルブの開閉タイミングをコンピューターで上手に制御して、排出ガス中の有害物質を減少させる装置である。デンソーは、従来の二倍のスピードでバルブの開閉タイミングを制御できる小型VCTを商品化した。

このほか、環境負荷物質を削減するため、世界で初めて有害な水銀を使わないディスチャージヘッドランプの点灯制御装置（容積五〇パーセント減、重さ二五パーセント減）の商品化にも成功。

第二に、環境に与える影響を減らし、同時に生産性を高めるエコファクトリー（生産）についても種々の工夫がこらされている。

例えば、工場にコージェネレーションシステムを導入することで、発生する廃熱を冷暖房に利用してCO^2を削減したり、コンピューター制御でエネルギー供給システムを集中管理することで省エネを推し進めている。また、エネルギーのロスを最小限に抑えるため、機械ごとに時間当たりの電力量をパソコンで見られるシステムも導入。

しかし、前述のEU環境大賞の大きな受賞理由ともなり、高い評価を受けているのが、ゼロエミッション（埋立廃棄物ゼロ）計画だ。

デンソーでは、①リソューズ／ゴミになるものは買わない、②リターン／購入先に戻せるものは戻す、③リユース／再利用する、④リデュース／ゴミを減らす、⑤リサイクル／社内または社外で再利用する、の「基本5R」を掲げ、国内一四の全事業所、国内グループ全一八社、及び海外グループ四社が、二〇〇四年一〇月までにゼロエミッションを達成。このうちDMHUは、二〇〇三年三月に海外拠点としては初めてゼロエミッションを実現した。

これに当たって、当初ハンガリーの社員にはゴミを分別管理する考え方もなかったため、まずその大切さを理解してもらうことから始めたという。

その後、環境に関するアイデアを出してもらい、機械の切削油の再利用、廃油や汚泥のバイオ処理、食堂の生ゴミのコンポスト化、社内の気圧をチェックするエア漏れパトロール隊の創設など、次々に着手。加えて、お店で買った食べ物から出るゴミは持ち返ることにしたり、昼休みは消灯、一人で残業するときは一人用電気をつけること、リサイクル用の廃材棚の設置など、細かな配慮も欠かさなかった。

そういった努力の甲斐あって、廃棄物処理費は二〇〇〇年の一四七万ユーロ（約二〇一四万円）から二〇〇三年に入ると四〇〇〇ユーロ（約五四万八〇〇〇円）と、実に二・七パーセントに減少。驚くべき成果を上げた。

第三の、エコフレンドリー（コミュニケーション）では、積極点に環境情報を発信し、様々な人々と連携をとってゆくことが求められる。

アメリカ・ミシガン州の工場では、社内に野生生物保護委員会を組織し、ブルーバードを保護したり、絶滅の恐れのある生物を保存するといったユニークな活動が展開されている。

一方、ＤＭＨＵでは、ブダペスト工科大学、デブレッツェン大学、ジュール大学など一〇の大学で環境講座を開き、また地元や近隣の小中学校・高校に積極的に出向いて環境教育を行っている。また、「サステナビリティ・レポート」を発行したり、半年ごとにハンガリーの多くの企業と環境をテーマとした交流をもち、さらには、全欧州のデンソー各社が集まって環境問題を論じあう会議も定期的に開催している。

デンソーエコビジョン二〇一五

九〇年代前半までは、ハンガリー国内の至るところで、旧東ドイツ製のトラバントなど、まるで自動車博物館から抜け出してきたようなクラシックカーが黒煙をまき散らしながら走っていた。その頃のことを思うと、わずかの間にこの国で環境が叫ばれるようになったこと自体奇跡であるのに、日本の現地企業が環境大賞を受賞するのは感慨深いものがある。

その後もデンソーの環境への取組みは進化し、二〇〇五年一一月には「デンソーエコビジョン二〇一五」を策定。この中では、温室効果ガスの管理・削減をすべての事業領域に拡大し、世界の拠点で環境負荷を着実に削減しながら、生産性を向上させてゆくさらなる必要性や、京都議定書で日本が国際公約した削減目標に寄与すること、引き続き社会との共存をふまえた持続可能な社会の発展に貢献することが謳われている。

最後に、環境と経済のバランスについて岩永氏に質問したところ、次のような力強い答えが返ってきた。「環境が維持できてこそ、経済活動ができます。環境なくして経済は成り立たないと考えています」

業種柄、〝世界一の黒子〟ともいわれるデンソーは、やがて環境経営が世界の主流となったときこそ、表舞台で主役の座を演じているのかも知れない。

〒問合せ先

♣DENSO MANUFACTURING HUNGARY LTD.

Holland fasor 14, Szekesfehervar 8000, Hungary

Tel：+36-(0)22-552000　Fax：+36-(0)22-552099

dmhu@denso.hu

www.densoreportnet

26 闘う環境保護団体

ベルギー　ブリュッセル

平和と統合を象徴する街

〝プチ・パリ〟と呼ばれるブリュッセルの旧市街には、華やかなりし中世の面影を色濃くのこす壮麗なゴシック建築が並び立つ。

第二次大戦後、この街は欧州の平和と統合の象徴として生まれ変わり、一九八五年にＥＣＣ（欧州経済共同体）本部、一九六七年にはＮＡＴＯ（北大西洋条約機構）本部が設置された。現在ではＥＵの主要機関やたくさんの国際ＮＧＯオフィスが置かれ、人口一二〇万人の国際都市は〝欧州の顔〟としての役割を果たしている。

核実験阻止を目的に誕生

ＥＵ本部から一〇分ほど歩いたベリヤール通りに、世界最大の環境保護団体として知られるグリーンピースの欧州事務局がある。

この日、インタビューに応じてくれたのは、所長のヨルゴ・リス博士だ。博士の専門はポリティカル・サイエンスで、一九九四年にグリーンピースからリサーチの仕事を依頼されたのがきっかけで、ここに勤務することになった。

まず、博士にグリーンピースの組織について尋ねてみたところ、世界四一ヶ国に支部をもち、科学者、ジャーナリスト、法律家など、約一〇〇〇人の専従有給スタッフが勤務するとのことだ。ちなみにブリュッセルの事務局では一二人が働く。このほか、世界中にサポーターと呼ばれる約二九〇万のボランティア会員がおり、これが大きな原動力となっている。

グリーンピースは地球規模の環境破壊を食い止めることを目的とし、アムステルダムにある本部を中心に、各国の支部が連携しながらグローバルな活動を展開している。

EU 本部にインドネシアからの非合法ベニア板を禁止するアピールパネルを貼る

ソーラーエネルギー推進のＴシャツを着るリス博士（＊写真協力：グリーンピース欧州事務局）

具体的には、気候変動・地球温暖化、オゾン層破壊、有機塩素化合物・ダイオキシン、有害物質の輸送・廃棄、海洋生態系の汚染、森林の消失、原子力・放射能汚染、核兵器・軍縮などの問題解決にあたる。

また、グリーンピースは、非暴力的直接行動、政治的中立、財政的独立を原則とするため、その資金はほとんどが個人からの寄付金と会費収入からなり、企業、団体からの寄付はもちろん、ＥＵや国家からの補助金もいっさい受け付けない。二〇〇四年度の収入総額は、二〇〇三年度と比べると〇・六パーセント減の一億五八五〇万ユーロ（約二六四億六九五〇万円）であった。

グリーンピース誕生の歴史は、ベトナム戦争最中の一九七一年にさかのぼる。当時、アリューシャン列島におけるアメリカの核実験に反対するため、資金を募ってジャーナリストや学生が抗議のために船出したのがはじまりだ。

一九八五年、今度は南太平洋のモルロワ環礁でフランスが核実験しようとしたとき、グリーンピースは「虹の戦士号」という船で核実験阻止のために出帆した。

ニュージーランドのオークランド港に停泊中、フランス政府の工作員によって船は爆破されて沈没し、一人が死亡。当初、フランス政府は関与を否定していたが、後にファビウス首相はフランスの諜報機関ＤＧＳＥ（対外治安総局）の犯行によると公表し、国防大臣はその責任をとって辞任した。

それでもフランスの核実験は続けられ、一九八九年「虹の戦士号Ⅱ」は、再び核実験阻止のため南太平洋へと向かった。またしてもフランス軍による妨害。船上に乗り込んでくる兵士に冷静に対処して船を操る平和の戦士の行動が、映像となって世界に流れた。この番組が大きな世論となって、フランス政府は翌年、核実験停止を決定。地球を愛する不屈の精神が核実験を停止に追い込んだのだった。

グリーンピースの業績

ここで、グリーンピースが実際に環境問題を解決するうえでの手段について説明すると、次のようなポイントに集約できる。

①実態の告発・世論の喚起

どの企業も環境破壊を隠そうとするため、被害の実態を告発するための詳細なレポートを作成し、

2006年マドリードで開催したファッションショー。有害化学物質を使わない素材を使用

GMO禁止キャンペーン

ときに現場の映像を公開して、世論に訴える。

②調査・分析

グリーンピース欧州連合ではイギリスのエクセター大学と提携し、環境破壊の影響を科学的に調査・分析する。

③ダイレクトアクション

環境破壊を行っている当事者を訪ねて、直接抗議する。

④ロビーワーク

EU、各国政府などに環境破壊を規制するための政策を提示。また、種々の国際会議にオブザーバーとして参加する。

⑤メディアワーク

自ら調査した環境破壊の実態をつぶさに報道機関に提供する。

⑥解決策の提示

抗議運動のほか、問題解決のために自らの代替案や技術を提示する。

これらの手段を講じて実際に欧州のグリーンピースがかかわった、三つの事例について説明を聞いた。

グリーンピースの冷蔵庫

「世界に流通しているグリーンフリーズの冷蔵庫は、私たちが手がけたものです」。そういってまず最初に、博士はノンフロン冷蔵庫の成功秘話を語ってくれた。

かつて冷蔵庫の温度を下げるための冷却用の冷媒や、庫内を冷たく保つための断熱材にはフロンが使われていた。フロン（CFC類）は塩素、フッ素、炭素を含む科学物質で、オゾン層の破壊や温暖化の原因となるため、モントリオール議定書により、先進国では一九九五年（途上国は二〇一〇年）までに全廃された。その後、水素、塩素、フッ素、炭素を含む代替フロン（HCFC類）が使用されるようになったが、後にCO_2の三三〇〇倍（一〇〇年値）もの地球温暖化能力があることが判明。

そのためグリーンピース・ドイツは、一九九二年、プロパン・ブタンを使用した冷却技術を有する旧東独のDKK社（現FORON社）とドルトムント市の衛生研究所に、フロンを使わない冷蔵庫を試作品として発注した。

このほかグリーンフリーズの冷媒にはシクロペンタン、イソブタンなどの炭化水素類があり、これらの自然冷媒と呼ばれる気体は、大気中の寿命が短いため温暖化の影響が非常に小さく、地球環境に優しい。これが実用化すると、たちまち七万台の注文がDKK社に殺到し、政府から研究開発費として約四億円が拠出された。

当初、ドイツの大手家電メーカーは、グリーンフリーズはフロンより劣るといって批判したが、製品がEUの安全基準に適合すると、しだいにこれに追随していった。その後、ドイツ政府のエコマーク「ブルーエンジェルス」のお墨付きも得たことで、現在、ドイツでは一〇〇パーセントがグリーンフリーズ冷蔵庫となった。

二〇〇二年、日本でもグリーンピース・ジャパンのキャンペーンで、グリーンフリーズ型の冷蔵庫の発売にこぎつけた。

さらに二〇〇四年、各々業界トップのコカコーラ、マクドナルド、ユニリーバは、ブリュッセルで開催された「自然冷媒に関する国際会議」で、段階的にノンフロン冷凍・冷蔵機に移行していくことを表明。今後、マクドナルドは約三万店舗で一一機種の冷蔵設備をノンフロン化し、ユニリーバは二〇〇五年以降、ノンフロンのアイスクリーム用冷蔵設備を購入することになり、他方、コカコーラは世界中に設置する自動販売機をノンフロン機に切り替えることになった。

「ビザカード」とガソリン不買運動

次に、「ビザカード（VISーAーCARD）をどうぞ」。博士がそういって差し出したのは、赤・黄・緑の色別に魚の種類を表示したクレジットカードを模した紙だった。VISとはオランダ語で魚を意味する言葉で、消費者はいつもこのカードを財布の中に入れて、自分がいま買おうとする魚がどういう状況にあるかを知って、購入の判断基準にする。

一九世紀後半の商業捕鯨がはじまる前に二〇万頭ほど生存していたシロナガスクジラは、現在四〇〇〇〜一四〇〇〇頭に激減してしまい、一方、一九九二年の京都のワシントン条約では、クロマグロの絶滅の可能性も指摘された。日本一国で、世界のマグロのなんと三〇パーセント以上を消費しているという。しかも、一九五〇年から現在に至る間、九〇パーセントのサケ、タラ、カジキ、オヒョウが乱獲されてしまったとのことだ。

また、グリーンピースはエスペランサ号に乗って、南極海・クジラ保護区における日本の商業捕鯨の実態を七〇日間にわたって調査したり、海賊漁業の実態を追って大西洋の密漁調査にも乗り出している。

そして最後の事例は、グリーンピース・フランスが温暖化防止のために推し進めたアメリカの石油会社エッソ（エクソン・モービル社）に対するガソリン不買運動に関するものだ。二〇〇四年、グリーンピースがエッソのトレードマークをもじったロゴをウェブサイトに掲載して、「エッソを買うな！」キャンペーンを展開したのに対し、エッソはロゴの使用差止めを裁判所に求めた。

この不買運動の理由としてグリーンピースは、エッソがことごとく地球環境温暖化対策の政策・科学的議論を歪めてきたこと、ブッシュ大統領の大統領選の際に巨額の政治献金をしたこと、さらに、アメリカの京都議定書離脱により最大の恩恵に与ったこと、アラスカ沿岸で四万リットルの原油流出事故を起こし自然を破壊したこと、たった一社で世界の温室効果ガスの五パーセントを排出しながら、再生可能エネルギーにはまったく関心を払わないこと、こうしたことを指摘する。

ドイツ政府が擁護するBASF社

「ブレアー首相（当時）のきまりの悪そうな顔を見てください」。笑みを浮かべて、博士が新聞の切り抜きを差し出した。首相はグリーンピースとの会見で持続可能な森林問題に同意した後、首相官邸の修理に森林管理協議会（ＦＳＣ）の認可のない持続可能でない森林から切り出した木材を使用したため、言行不一致を指摘されたのだった。

「次の焦点はドイツのＢＡＳＦ社です」。ドイツ最大の化学会社ＢＡＳＦ社は、いまも人体に悪影響を及ぼすＰＶＣ（塩化ビニル）を使用し続けているにもかかわらず、多額の献金をしていることでドイツ政府が擁護しているのだと博士はいう。

「日々、チャレンジです。この仕事で私自身が元気づけられます」

わが身を危険にさらしながら、自らの生命を燃焼させて闘い続ける人があってこそ、かけがえのない地球は守られていくのだろうと思われた。

〒問合せ先

♣GREENPEACE EUROPEAN UNIT
199 rue Belliard, 1040 Brussels, Belgium
Tel：+32-(0)2-2741900　Fax：+32-(0)2-2741910
european.unit [at]greenpeace.org
www.greenpeace.eu

♣グリーンピース・ジャパン
〒160-0023　東京都新宿区西新宿8-13-11　ＮＦビル２Ｆ
Tel：03-5338-9800　Fax：03-5338-9817
www.greenpeace.or.jp

27

「トヨタ グリーン・パック」

ハンガリー　ブダペスト

ハンガリー民族はアジア系

ブダペストの街を歩いていると、ときどき小柄で黒髪のハンガリー人を見かけることがある。また、この国の赤ちゃんは、今でも一〇人に一人の割合で蒙古班が出るという。

日本人同様、苗字が先で名前が後というのも、ヨーロッパでは極めて稀だ。しかも、ハンガリー語で塩を「ショ」、水を「ヴィーズ」、帯を「オヴ」、白鳥を「ハッチュウ」というのも、まったくの偶然とは思えない。

ハンガリー民族のルーツは、われわれ日本人と同じアジア系なのだ。一説によると、その昔、ハンガリー人と日本人の先祖は中央アジアのバイカル湖南岸に住んでいたという。そこから日本人は東に、自分たちは西に移動した、と信じる日本びいきのハンガリー人は結構多い。

進んだ英才教育

ハンガリーの教育はいわば英才教育で、すでに小学校から将来の方向性を見据えた教育プログラムを取り入れている。

文系・理系という大きな分類ではなく、この国では数学、語学、音楽、スポーツなど、個人の秀でた才能を伸ばすためのより専門的な選択教育が施されている。

この教育方針がときに大きな成功を収め、人口約一〇〇〇万人の小さな国ながら、過去一三人のノーベル賞受賞者や、歴史に名を残す多くの偉人を生み出している。

例えば、一九八〇年代にルービック・キューブという立体ゲームが世界中で流行したが、これはブダペスト生まれの数学者ルービック・エルネー博士の発明である。ちなみにボールペンや電話交換機もハンガリー人の発明だ。

ギムナジウムへ授業参観

二〇〇四年、EU加盟を果たしたハンガリーだが、特にこの数年はEU加盟を目標に大急ぎで環境保護にかかわる法律を整備し、またEUレベルの環境基準に適合するよう行政指導してきた。

一九九五年には、国内の事業所に最低一人の環境技術者を雇用しなくてはならないという環境保護規定法も制定され、環境技術者は引く手あまたという状況だ。

とりわけ国内最大規模のドナフェル製鉄所を有するドナウイヴァーロシュ市では、環境汚染防止対策が講じられ、当市の工科大学には環境工学コース（副専攻）が開設された。ここの環境技術者人材育成プロジェクトのチームには、ＪＩＣＡ（国際協力機構）から専門家が長期派遣されている。

このように急速に環境教育の必要性が叫ばれる中、ギムナジウム（日本の普通科高校に当たる）でも、近年積極的に環境教育を実施するところが増えている。

その中で、国立エルテ大学付属のトレフォルト・アーゴシュトン・ギムナジウムでは、トヨタが助成している「グリーン・パック」という環境学習教材を活用して授業をしていると聞き、ブダペストにあるこの学校を訪ねた。

このギムナジウムの歴史は古く、教育者カールマンの思想をもとに、世界に開かれた教員を養成する目的で一八七二年に創立された。この学校のモットーは、善を為すこと、他人への責任感、モラル感覚、判断力、誠実さ、正直さ、エゴの克服、開かれた心を養うことだという。

ギムナジウムは大学進学を目指す六年制の学校をいうが、ここでは少人数制のゆとりある教育を目指し、授業は午前八時から午後一時四五分までだ。一学年は三クラスから成り、生徒数は一学年合計で三〇人ほどである。

とくに化学、生物学、物理学は実験が重要視されるため、さらに少人数で授業が行われる。この日、私が見学したは、「グリーン・パック」の教材を使ったユーディット先生の生物学の授業で、七人の生徒がカビについて学んでいた。

まずスライドでカビの写真を見た後、顕微鏡を使って実際に自分の目でカビを覗いてみる。

次にカビで熟成させたロックフォールやカマンベールなどのチーズを味見した後、「乾燥した部屋と湿度の高い部屋の長所と短所」をみんなでディスカッションするという、まさに自分の頭で考

グリーン・パックの普及につとめるRECの担当者

この日は，グリーン・パックのテキストを使ってカビについて勉強

廊下には生徒が制作した環境に関する研究発表が貼られる

える全員参加の授業だ。

「グリーン・パック」

ここで環境教材の中味を説明すると、縦三三センチ×横二七センチのしっかりした箱の中には、ビデオカセット一本、CD-ROM一枚、教師用ハンドブック一冊、ジレンマゲーム一冊、その他の冊子が入っている。ビデオには「私たちの空気」、「新鮮な水」、「騒音」、「リサイクル」、「酸性雨」など、三二の興味深いテーマが収められている。

「ジレンマゲーム」には二二の質問が用意され、テーマ別に生徒みんなでディスカッションするように作られている。環境ばかり優先すると経済発展が見込めず、そこでこのゲームの名の通り、ジレンマが生じるというわけだ。左記にそのうちのいくつかを紹介してみる。

A.《消費》 学校からの帰り道、飲物を買うとしたら、あなたはどれを選ぶ?

①ガラスボトルに入ったコーラ
②缶入りコーラ
③プラスチックボトルに入ったコーラ
④スタンドでガラスコップに入った飲物を注文
⑤噴水(公園)の水

B.《大気汚染》 あなた自身が、ハンガリーの環境大臣になったと思って下さい。専門家が大気汚染を抑制するための提案をいくつかしました。さて、あなたはどれが最も効果的だと思いますか?

①エネルギー価格の引上げ
②大気汚染の元凶となる古い工場の閉鎖
③窒素酸化物、ダイオキシンなどの許容レベル(数値)の引き下げ
④大気汚染を抑制する新しい装置の開発

C.《地球環境》 地球環境に影響を及ぼすような問題が山積しています。あなたの未来において、最も深刻な地球レベルの環境問題とは何でしょう?

①地球の気候変動
②種(動植物)の絶滅の危機
③地球資源の枯渇

④ 水質汚染・大気汚染・土壌汚染

グリーン・パックの中味は、おおむねこんな興味深い内容に満ちているのである。

「トヨタ環境活動助成プログラム」

トヨタは一九九九年にUNEP（国連開発計画）から「グローバル五〇〇賞」を受賞したのを記念し、環境分野での社会貢献活動の一環として二〇〇〇年から「トヨタ環境活動助成プログラム」を実施している。

基本テーマは「持続可能な発展のための社会投資」で、「環境技術」と「環境学習」の二分野において実践的なプロジェクトを推進する世界各地の民間非営利団体・グループの活動を支援する。

このプログラムの開始から二〇〇七年までの八年間で、総額一四億円が助成金として付与された。また、助成件数は累計一四〇件で、これを活動地域別にみると、日本国内五一件、アメリカ大陸一五件、アジア・太平洋五三件、ヨーロッパ七件、アフリカ一三件、その他一件という内訳になっている。

二〇〇七年度の助成決定プロジェクトは合計一二件で、その中には「アマゾンの森林のコパイバ油の抽出と商品化によるカトゥキナインディアンによる持続可能な収入確保」（ブラジル）、「学校を基礎においた薬草教育と保全計画」（インド）、「ノマディックと地域農家のための廃棄物処理回収とバイオ資源管理による牧草地の再生と侵食抑制」（ナイジェリア）などがある。

なお、「グリーン・パック――ロシアの持続可能な開発のための教育」は、二〇〇三年の環境学習プロジェクトにノミネイトされた。すでにロシア語版・グルジア語版のほか、チェコ語・スロバキア語などでも「グリーン・パック」は制作されたが、もともとは二〇〇二年二月にポーランド語版の教材を配布したのが始まりだった。

これはハンガリーに本部を置き、中東欧の環境問題に従事するREC（中東欧地域環境センター）が、二〇〇〇年度のトヨタの助成金二三万八〇〇〇ユーロ（約三九七四万六〇〇〇円）をもとにポーランド国内の中学校に二〇〇〇〇セット無料配布したものだ。制作に当たってはポーランドの教育者、専門家、環境団体のほか、スウェーデンのNGOなども協力し、これをポーランド教育・スポーツ省と環境省が後援。

その後、二〇〇三年三月、ハンガリーでも教育省、環境省の後押しで、一〇〇〇〇の学校に無料配布された。このとき、トヨタからハンガリー語版とブルガリア語版合計で、一九万七三〇〇ドル（約二二三二万円）の助成金（二〇〇一年度）が贈られた。

この環境学習教材の説明会には、ハンガリー国内の約四五〇校から八五〇人の教員が参加したというから、その反響はかなりのものだ。さらに教育省・環境省の後援とトヨタハンガリーの援助で、「グリーン・パック」第二版も配布もされた。

最後に「グリーン・パック」を使った授業についての感想や、環境に対する考え方が実際どう変わったかを直接生徒に尋ねてみた。

ある女子生徒からは、「この授業を受けてから、毎日の生活の中で節水しようとか、こまめに電気を消そうとか思うようになりました。家族でも実行しています」という答えが返ってきた。

次に丸いメガネをかけた優秀そうな男子生徒が答えた。「僕たちはジレンマの世代です。以前は、経済発展だけ追い求めて環境は気にしなくてすんだけど、今はそれが許されません。僕たちより後の世代は、環境への道筋ができているので、もっとやりやすいんじゃないかな」

この言葉が今のハンガリーの置かれている立場を簡潔に言い当てているように思えた。ハンガリーの進んだ英才教育が、今後、環境において多くの優れた人材を生み出すことに期待したい。

問合せ先

♣ＲＥＣ本部（中東欧地域環境センター）
2000 Szentendre Ady Endre ut 9–11, Hungary
Tel：+36–(0)26–504000　Fax：+36–(0)26–311294
www.rec.org

♣トヨタ環境活動助成プログラム事務局
〒100–0004　東京都千代田区大手町2–3–6
Tel：03–3272–1925　Fax：03–3272–1926
toyota-ecogrant@mri.co.jp
www.toyota.co.jp/jp/environment/ecogrant/

あとがき

この夏、『ヨーロッパ環境対策最前線』の原稿を入稿するや、環境雑誌と環境展の仕事を兼ねて、北極のスヴァールバル諸島に二週間ほど取材旅行に出ました。今回の目的は、地球温暖化が北極に与える影響を調査してくることでした。

とはいえ依頼先の責任者は、昨年一〇月、全国ロードショーで封切られた『北極のナヌー』に影響を受けているようでした。そのため、ホッキョクグマを写真に収めることが暗黙の至上命令。はじめての北極取材はわくわくする反面、大きなプレッシャーのかかったアドベンチャーでした。

オスロから〝北欧のパリ〟と称されるノルウェー最北端のトロムセ経由で北極の玄関スピッツベルゲン島のロングイヤービエンへ。ここからロシア船籍の「アカデミック・セルゲイ・バヴィロフ号」に乗り込み、北緯八〇度めざしていよいよ出帆。

翌日から、一二人乗りのゾディアックボートに分乗し、時には島々に上陸して探検するのが日課でした。ライフル銃を背負ったスタッフはいささか緊張した面もちで望遠鏡をのぞいて、野生動物を探します。すると、遥か数キロ先にホッキョクグマを発見。残念ながら、私の望遠レンズでは白い点にしか見えません。

しかし、数日後、幸運にもホッキョクグマの方で流氷をつたって、わざわざ船の真下まで会いにきてくれました。ホッキョクグマは跳ねたり、泳いだり、眠ったりと、さまざまなポーズで期待に応えてくれました。「一五年この仕事をしていますが、こんなことははじめてです」と、スタッフも興奮を隠せません。結局、ホッキョクグマには五回も会えたほか、ホッキョクギツネ、トド、アゴヒゲアザラシ、トナカイなども写真とビデオに収めることができました。

また、今回、クルーズ船のスタッフとして乗船している地学者・生物学者をはじめ、ノルウェー国立極地研究所やUNIS（スヴァールバル大学センター）を訪ね、温暖化の影響などについて話を訊きました。すると、「CNNをはじめ、ジャーナリストは早急に答えを出そうとしますが、長い年月を費やしてデータを収集・分析するのがわれわれ学者の仕事です」と異口同音に答えが返ってきました。

アメリカのゴア元副大統領が、映画『不都合な真実』や自然保護活動で、二〇〇七年のノーベル平和賞に輝いたことは記憶に新しいところです。五〇年後には北極の氷がなくなり、海面が六メートル上昇し、その結果、世界の多くの都市が海中に沈むことになるかどうかは別として、流氷の上であどけなく眠るホッキョクグマを見ながら、やはり人間が北極の雄大な美しい自然を破壊したり、野生動物を追いやってはならないと改めて考えさせられました。

さて、北極から戻ると、日本から本書の初校ゲラが届いていました。もともとこの本は、（株）日報アイ・ビー発行の環境雑誌『アースガーディアン』に「ヨーロッパ・レポート」として、二〇〇四年七月の創刊号から二〇〇八年五月号まで連載された記事から二六回分を選んで、加筆・訂正して一冊にまとめたものです。

この間、西ヨーロッパではドイツ、フランス、イタリア、オーストリア、スイス、オランダ、ベルギー、北欧ではデンマーク、アイスランド、旧東欧ではハンガリー、セルビア、ボスニア・ヘルツェゴビナ、合計一二ヶ国を訪ねて取材しましたが、そのうち本書では一〇ヶ国をとりあげました。

仮に、私がドイツや北欧の環境先進国に住んでいたら、こんなに多くの国々をまわる必要性もモチベーションもなかったと思います。私が現在暮らしているセルビア共和国（旧ユーゴスラビア）は、むしろ環境とはあまり縁のないヨーロッパのはずれにある国です。そういってはなんですが、時にモノゴトは中心から見るよりも、辺境から見たほうが全体像がつかめることもあるようです。

取材の旅をするなかで、同じヨーロッパでも国や民族によって、環境政策・対策や環境意識に大きな違いがあると実感しました。確かに、常識的でルールに従い、清潔好きなゲルマン人は環境意識において優れているようです。勤勉な反面、頑固で融通がきかないといわれるドイツ人は、こと環境に関しては、「自分はエコをやっているぞ」という〝エコする自分〟をかなりポジティブに意識し楽しんでいるようにも見受けられます。

一方、同じゲルマン系でも、この感覚はお隣のオーストリア人にはみられません。オーストリアは自然エネルギーが七割をこえる環境大国ですが、エコする自分を強く自負している人に出会うのはほとんど稀です。それがよいのかどうかは別として、取材でインタビューをしても淡々と応じるだけで、ドイツ人のようにこちらが期待するような言葉は望めません。

というのは、オーストリアのエコは、多分に古い時代と共生するものです。第一章内の「古くて新しい暖房システム」でも書きましたが、私がウィーンで暮らしていたときの築二〇〇年のアパートはエレベーターもなく、暖房は薪ストーヴでした。一方、友人のアパートはセントラルヒーティングの入った近代的な建物。ある日、アパートに備え付けの旧式の冷蔵庫が壊れてしまい大家さんに知らせると、「それでは新しいのを入れましょう」とのこと。喜んだのもつかの間、届いたのはそれと似たりよったりの新たな中古冷蔵庫でした。そんな古いものを大切に使うエコ感覚が、今でもウィーンには残っています。

これに対して、イタリア・スペインなどラテン系の人々は、ゴミをポイ捨てできる大らかさ（?）とモノにこだわらない気前のよさがあります。また、一般的に暖かい国で暮らす人々には、五〇年後、一〇〇年後の未来よりも、今この時が大切なのかも知れません。

その点、北欧が環境先進国になりえた理由のひとつは、厳しい自然と対峙して生きてきた歴史のなかで、未来を見据える特別な感性が培われたからではないかと考えています。

最後に旧東欧諸国内でも、オーストリア・ハプスブルク帝国下にあった国とオスマントルコに支配されていた国とでは、エコ感覚は大いに異なります。しかし旧共産主義時代は、これらの国々では環境はほとんど看過され、ようやく近年になってEU加盟を果たすために改善すべき緊急の課題となりました。

さて、日本人の環境意識はどうでしょうか。ヨーロッパからみると、日本の社会はあまりにもスピーディーで一人ひとりが立ち止まってじっくり考える余裕がないようです。日本は、政治・経済・テクノロジー分野で環境をリードできたとしても、最終的に〝経済のための環境〟からぬけ出せないのではと危惧しています。そこに、〝環境のための経済〟を指向するヨーロッパ環境先進国との違いを感じます。

しかし究極すると、年間四～五週間の休暇が保障されているヨーロッパと、法的には有給休暇がありながら、せいぜい一週間の夏期休暇と正月休みしか取れない日本の社会制度との違いが、環境意識にも反映されているのではないかと思えてなりません。第四章「食」でも紹介した「スローフード・マニフェスト」の言葉を借りれば、「時間の価値が認められ、人間と自然が尊重され、喜びが存在理由となる世界」においてこそ、環境問題は考えられるものだと思うからです。

本書は、環境関係者はもとより環境になじみのない方にも、ヨーロッパの環境対策を知る入門書として、異なる国々の環境意識の違いも感じながら、読んでいただけたらと願っています。

最後に、環境というフィールドを大きく拓いてくださった（株）日報アイ・ビーの河村博代表と小田太一社長、『アースガーディアン』の加藤文男編集長に、この場をおかりして厚く御礼申しあげます。

また、今回、私のこれまでの拙い記事を日本の出版業界における〝良心〟ともいえる白水社から単行本として上梓できましたことは、私の望外な喜びとするものです。その出版にあたって、終始プレッシャーをかけないよう伸び伸びとリードし、適切にご指示くださった編集部の稲井洋介氏に心より感謝するものです。

著者

二〇〇八年九月　ベオグラードにて

ヨーロッパ環境対策最前線

2008年10月15日印刷
2008年10月30日発行

著　者© 片《かた》野《の》　優《まさる》
発行者　川村雅之
印刷所　株式会社三秀舎

発行所　101-0052 東京都千代田区神田小川町3の24
電話 03-3291-7811(営業部), 7821(編集部)　株式会社 白水社
http://www.hakusuisha.co.jp
乱丁・落丁本は、送料小社負担にてお取り替えいたします。

振替 00190-5-33228　松岳社(株)青木製本所

ISBN978-4-560-04080-5
Printed in Japan